U0896894

我从画中来

探秘古画里的动物世界

刘昕晨 潘莺 孙丽娜 著

二十一世纪出版社集团
21st Century Publishing Group

图书在版编目（CIP）数据

我从画中来：探秘古画里的动物世界 / 刘昕晨, 潘莺, 孙丽娜著. -- 南昌：二十一世纪出版社集团, 2025. 7. -- ISBN 978-7-5568-8478-0

Ⅰ. Q95-49

中国国家版本馆CIP数据核字第2024SK1832号

WO CONG HUA ZHONG LAI:TANMI GUHUA LI DE DONGWU SHIJIE

我从画中来：探秘古画里的动物世界　刘昕晨　潘莺　孙丽娜　著

策划编辑	邹　源　魏　霞		
责任编辑	邹　源　魏　霞		
美术编辑	赵　倩		
责任印制	李彦红		
特约美编	新语视觉		
插　　画	微光启划		
出版发行	二十一世纪出版社集团（江西省南昌市子安路75号　330025） www.21cccc.com		
经　　销	全国新华书店	印　　刷	鸿博昊天科技有限公司
版　　次	2025年7月第1版	印　　次	2025年7月第1次印刷
开　　本	889 mm×1194 mm 1/16	印　　张	10
书　　号	ISBN 978-7-5568-8478-0	定　　价	49.80元

赣版权登字-04-2025-388　

购买本社图书，如有问题请联系我们：扫描封底二维码进入官方服务号。

服务电话：0791-86512056（工作时间可拨打）；服务邮箱：21sjcbs@21cccc.com。

·鸟类科学画·

覆羽
头顶
枕部
额
嘴
眼先
颏
上喉
颊部
下喉
胸部
肩羽
初级飞羽
次级飞羽
三级飞羽
背部
腰
胁
腹部
尾下
覆羽
尾上
覆羽
胫（腿）
尾羽
跗跖
爪
趾（后趾）

前言

这本书的问世，始于一场与朋友的闲谈。

那是一个阳光明媚的午后，我和几位好友围坐在一起，话题偶然间落到了古代的绘画上。大家一致认为，其中宋画以其细腻的笔触、生动的意境，尤为引人注目。朋友惊叹于宋画的艺术价值，而我作为一个研究了多年动物的人，却被其中所蕴含的动物学、生态学元素深深吸引。

宋代画家们以细腻的笔触描绘出的山川河流、花草树木、飞禽走兽，无不栩栩如生，仿佛将观者带入了一个生机勃勃的真实世界。在我看来，这一幅幅作品就像是一个个动物生态故事的缩影，蕴含了宋代画家们对大自然的深刻洞察力和丰富的生态智慧。

由此，我萌生了一个想法。之前孩子们去博物馆，多是从艺术、文化的视角欣赏这些古老的画作，而我或许能够用我的专业知识为孩子们制作另外一把钥匙，帮助他们打开探索传统文化与生态文明关系的大门，即用动物学、分类学、生态学、气候学等知识解读宋画中的动物、植物和环境元素，让孩子们在欣赏宋代绘画艺术之美的同时，从中汲取无穷的生态智慧。

我邀请每一位小读者和我组成“侦探小分队”，我们一起：

·探索宋画中的动物王国，了解动物们的生活习性、生存环境以及与人类的关系。

·深入观察画中的植物，探究它们的生长规律、生态价值以及在古代文化中的象征意义。

·从整体上感受宋画所展现的自然环境，理解古人如何通过绘画表达对自然的敬畏与热爱，以及他们所倡导的天人合一的生态理念。这也是更为重要的事情。

你会惊讶地发现，宋画中已经记录了杂交锦鸡的出现，还有非常罕见的长臂猿双胞胎；边边角角的植物不再是可有可无的点缀，而是可以成为判断这幅画作所绘环境，甚至画中动物所属种类的证据。

让我们一起走进宋画的世界，在欣赏宋画之美的同时，去发现那些被时光遗忘的生态智慧，让古老的智慧在新的时代焕发出别样的光彩。

刘昕晨

人物介绍

林伯伯　　动物学家

小朋友们，你们好呀，我是动物学家林伯伯。我研究动物多年，对中国动物的物种知识和分布以及各种逸闻趣事信手拈来。我喜欢用幽默好玩的方式给你们讲述有趣的动物知识。退休后，我爱上了研究中国古画和古籍，本来是作为动物学术研究之外的消遣，没想到无意中在这里发现了一个非常奇妙的世界。如果你们对世界上最小的猛禽、凤凰的原型、已经消失的那些中国动物的亚种感兴趣，就和我们的研究小组一起来探秘吧。

孟迪 小学生侦探迷

嗨，你们好，我是孟迪，一个侦探小说迷。我喜欢思考和推理，一步步发现真相的感觉真是妙不可言。林伯伯最近爱上了“考证”中国古画中的动物，作为他的小粉丝，我当然要积极参与啦！偷偷地告诉你们，所谓“考证”就是“侦探游戏”，我们小分队就像断案如神的包青天、大侦探福尔摩斯一样，不停地寻找“证据”，通过缜密的逻辑思考、合理的推理来解密。你们可不要小看我，我可是经常能发现一些至关重要的线索，帮助林伯伯“探案”呢！

青冠雀 来自古画的小鸟

嗨，你们好呀，我来自几百年前的古画《红果绿鹎图》，不过现在，你们在溪边的灌木丛、路旁的小树林里都能看见我。我是中国特有的鸟儿，如果你仔细观察，会发现我的样子和千年前相比并没有多大的变化。为了在考证中更详细地了解古画的年代和背景，林伯伯请我来做他的古画小助手。

目 录

一只从古画里飞出来的鸟儿…………………… 2

栖于荔枝是伯劳，飞入石榴变黄鸟…………10

不一样的麻雀……………………………………14

我们是“十姐妹”…………………………………22

麻雀一样大小的杀手……………………………28

鸳鸯新郎换羽装，鸂鶒荷塘见新娘…………34

是天降祥瑞，还是放飞？……………………40

九百年前的杂交锦鸡……………………48

是厉声劝退，还是善意提醒？……………………56

绿色混入蓝色会变成黑色……………………62

鸿鹄不分，一错近千年……………………68

牧童手中的木棍儿……………………76

目录

它就是只猴……84

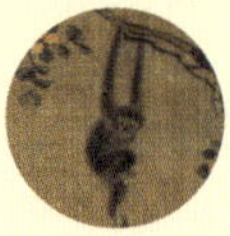

千年前的双胞胎……88

古代画家一不小心，讲了个现代的故事……94

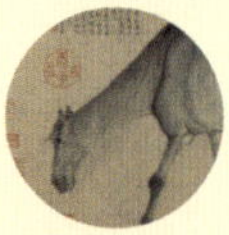

一匹瘦骨嶙峋的马……100

一只奇怪的大猫……104

纺车旁的蛙戏……114

没落的皇家猎犬……120

猜猜谁来参加聚会？……126

给孩子讲讲宋代花鸟画……140

参考书目……147

一只从古画里飞出来的鸟儿

孟迪是一名三年级的小学生。最近他的爸爸妈妈都有点忙，周末总是没有办法照看他，于是把他托付给了邻居家的林伯伯。

林伯伯是研究动物的专家，林伯伯和孟迪家是好多年的邻居了。小时候，孟迪经常跟着林伯伯去野外观察各种鸟类和其他动物。不过因为工作关系，林伯伯之前总是出差。现在退休在家，他很乐意帮孟迪爸爸妈妈的忙。

孟迪往小书包里塞了两本侦探故事书，还有几包爱吃的零食，就跟着爸爸妈妈来到了林伯伯家。一阵寒暄之后，爸爸妈妈便告别了林伯伯，留下孟迪在这里。林伯伯也给孟迪准备了水果和零食，和孟迪聊起了天。过了一会儿，林伯伯去书房接电话，孟迪开始环顾四周。

欢喜冤家的初次见面

林伯伯家里比较明亮，一面的墙上挂着很多动物照片，有绿孔雀、东北虎、亚洲象、大熊猫等，另外一面的墙边有一整排实木的棕色书架，书架上有好多有关动植物的书，还有一些古籍。孟迪来过这里很多次，对这些已经非常熟悉了。突然，孟迪发现朝向阳面的大桌子上摊开了许多画卷，这些是之前孟迪没有见过的。

孟迪凑过去一看，原来是一幅幅古色古香的画，最上面的那幅画中有一只鸟儿停留在山楂树上，它张着嘴，飞扑着翅膀，似乎要去捕捉眼前飞过的蜜蜂。

◀［宋］佚名《红果绿鹎图》

孟迪好奇地戳了戳画中鸟儿的翅膀，和它说起了话："小鸟儿，你长得真好看，你叫什么名字呀？"

这时，神奇的事情发生了，只见画中的鸟儿在孟迪的手指戳过去的时候，居然缩了缩翅膀，往旁边躲了躲。

▲领雀嘴鹎

鹎科，雀嘴鹎属，俗名羊头公、绿鹦嘴鹎、青冠雀。小型鸟类，体长17~21厘米。领雀嘴鹎是中国特有鸟类，种群数量较丰富，是山区常见鸟类之一

孟迪惊讶极了，揉了揉眼睛，又戳了戳小鸟儿的另外一边翅膀——真的不是幻觉，这一次，小鸟儿往反方向躲了躲。

“你眼光不错，我确实很漂亮，不过，你可不要随意地戳我的翅膀，我怕痒。”

“哇，你会说话！”孟迪赶紧缩回了自己的手，“真不好意思，我不知道你怕痒。”

“嘿，会说话的鸟儿有什么好稀奇的？我原谅你啦！不过，以后你可不能再戳我的翅膀了。”

“好啊！小鸟儿，我叫孟迪，你叫什么名字？”孟迪问。

小鸟儿踱着脚步开始自我介绍：“我来自近千年前的宋画《红果绿鹎（bēi）图》，叫领雀嘴鹎，是中国特有的鸟儿。我虽然是鹎类鸟，但我的嘴不像大多数鹎那样细长，相对短粗厚重，呈象牙色，很像雀科鸟类的嘴，所以人们称我为‘雀嘴鹎’；又因我脖子处有环形的白色羽毛，好像领子一样，所以又称我为‘领雀嘴鹎’。我还有个好听的名字，叫青冠雀，你可以叫我这个名字。孟迪，告诉你一个秘密：只有对知识充满好奇的人才能听到我说话，看来我们能成为好朋友。”

孟迪初识宋画：“写意”和“写实”

青冠雀叽叽喳喳地说个不停：“林伯伯退休后一直在研究古画中的动物，他是动物学家，十分精通动物知识，甚至对于有些植物的知识也能信手拈来，但为了能对古画的年代和背景有更详细的了解，就请我来做他的古画小助手了。”

青冠雀这么一说，孟迪更好奇了：“古画里的动物怎么研究呢？”

“就是根据画中各种动物的形态、画中所绘自然环境，以及绘画的历史背景、年代等，利用动物分类学、动物地理学、动物生态学、动物行为学，甚至古代气候史等知识研究动物。”青冠雀解释。

“这要求画里的动物画得很准确才行吧？”孟迪提出了自己的疑问，“我之前和爸爸妈妈去看古代的画展，听讲解的老师说，中国的古画整体偏‘写意’，就是不太注重细节的描绘。如果细节描绘不准确，又怎么鉴别呢？”

“很多人都认为中国古画是写意的，其实在写实风格的工笔画上，宋代的画做得非常好。你看这一幅画。”青冠雀示意孟迪看向那幅《红蓼水禽图》，“你看画中的鸟儿，造型准确，形态生动，羽毛由工笔细细描绘而成，一根一根清晰可数。它细细的爪子正紧紧地握着红蓼的枝子，感觉随时要蹬着枝子俯冲，去啄那水中的游虾。而游虾仍然在水中优哉游哉，对自己即将面临的危险浑然不觉。这幅画中的小鸟和红蓼都

工笔，又称“细笔”，中国画表现技法。以工整的笔法和细致入微的刻画进行描绘，以求形神兼备。起源不详，至东晋顾恺之时期已较为完善，唐宋时期达到巅峰，元代以后渐渐没落，但仍不乏大家。

写意，又称“粗笔”，与“工笔”相对，不求形似，以简练的笔墨来表达对象的神韵和画家的主观意趣。唐代吴道子开写意画法之先河，至北宋苏轼，写意画法得以确立，后为元明清历代画法主流。

是写实的画法，而游虾和水草则由淡墨绿色染出，是偏写意的画法。写实的笔法刻画了鸟儿紧张的捕猎状态，而写意的笔法则让人仿佛能感觉到水的波纹正在散开。”青冠雀侃侃而谈，孟迪也听得津津有味。

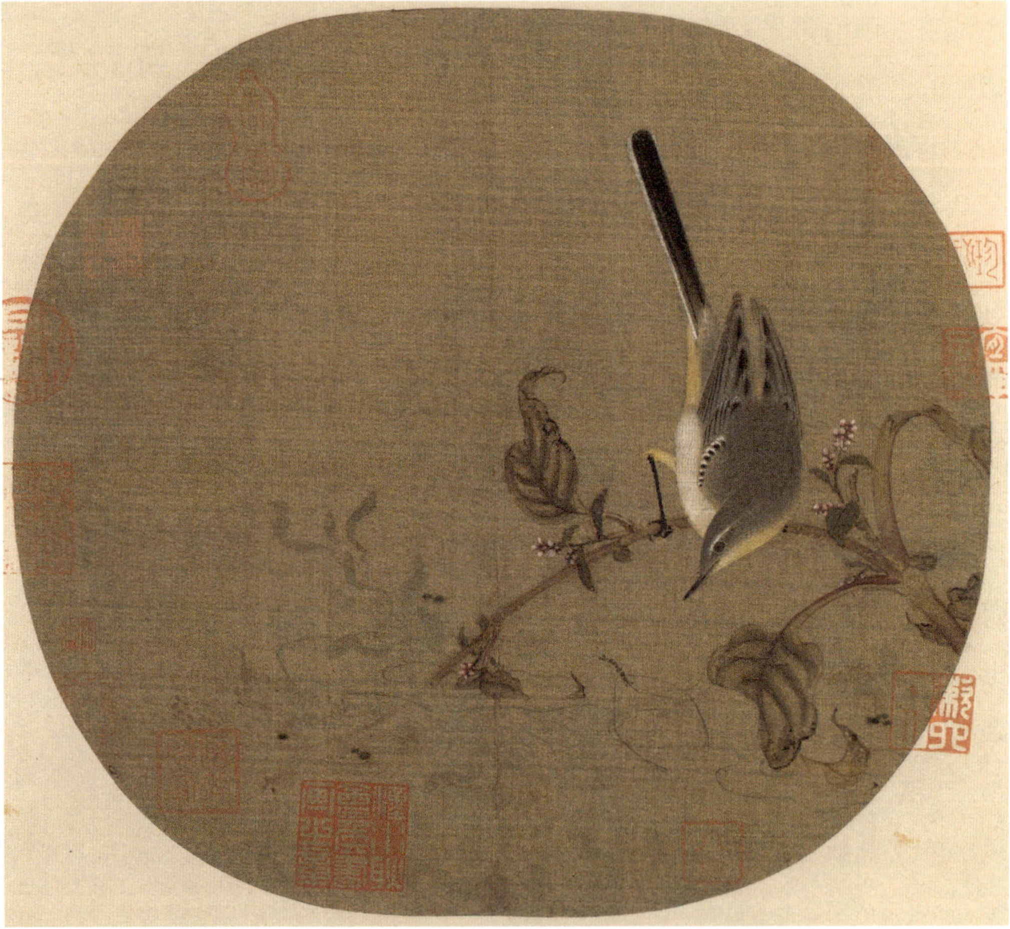

▶［北宋］徐崇矩《红蓼水禽图》

“话是这么说，但这些画都好几百年至上千年了，有的颜色还丢失了，我们怎么知道画家画得对不对？万一画错了呢。”孟迪还是坚持自己的意见。

“孟迪说得不错，确实有这种情况。不过，即使这

样，还是有很多幅画是有据可考的。”不知道什么时候林伯伯回来了，“而且关于中国古画写实的说法，不只是青冠雀的一家之言，也是很多专家的观点。比如荷兰著名汉学家高罗佩就曾经说过，宋代的有些动物画，既有写实风格，也有写意风格，写实的部分细节精确，足以用作现代动物学手册的插画。”

▲红蓼

红蓼又叫狗尾巴花，不过在《诗经》中，它还有个很好听的名字，叫“游龙”。它是蓼科、蓼属一年生草本植物。它的茎长得比较粗壮，高可以达到2米。红蓼喜欢生长在水边，穗状花序。六月到十月开花结果，所以在秋天很多花相继凋零的时候，它却越开越好

画中水禽的真面目

孟迪点点头，问道：“那照您这么说，林伯伯，这画中的小鸟是不是可以考证出到底是什么鸟？”

“我们可以一起试试看。你看这只鸟最明显的特征是什么？”林伯伯没有直接回答，而是提了一个问题。

“最明显的……也许可以根据小鸟的身体颜色来找一找。”孟迪不太确定地说。

“你说得有道理，要我说呀，画中鸟的体羽是橄榄绿色的，嘴也很细，应该是喜欢生活在灌木丛中的柳莺类鸟类。”青冠雀开始了自己的分析，并且用嘴巴把书上的鸟类图鉴翻开，翻到了冕柳莺的那一页，展示给了林伯伯和孟迪。

▲冕柳莺

中等体形(约12厘米)的黄橄榄色柳莺。具近白的眉纹和顶纹；上体橄榄绿色，飞羽具黄色羽缘，仅一道黄白色翼斑；下体近白，并若隐若现地稍沾黄色；过眼纹近黑。通常见于较大树木的树冠层

“还真是挺像的，身体的颜色、眼睛上面的‘眉毛’、嘴巴都很像。不过，冕柳莺的翅膀上斑纹是白色的，画中鸟的翅膀上的白色斑纹是杂有黑色的；冕柳莺的脚是浅褐色的，而画中鸟的脚是黑色的。”孟迪细致地做了对比。

“从画中的环境来看，应该是喜欢生活在水边的小型鸟类；根据体型和外观形态分析，有些像鹡鸰类的鸟类。”林伯伯说到这儿却不往下说了，笑眯眯地看着孟迪。

孟迪心领神会，把鸟类图鉴翻到了鹡鸰类的页面。

· 画中鸟

· 黄鹡鸰

· 灰鹡鸰

相同点

- ● 有白色眉纹，头顶深灰色。耳羽近黑
- ● 脚暗褐色或者黑色
- ● 背部是橄榄色或橄榄褐色
- ● 尾呈圆尾状，中央尾羽较外侧尾羽长
- ● 喉、腹部都是柠檬黄色
- ● 有翼斑

种，物种的简称，是生物学中分类的基本单位，指能够自然交配并繁殖可育后代的一群生物个体。一般条件下，一个物种的个体不和其他物种中的个体交配，即使交配也不易产生出有生殖能力的后代。比如马和驴是不同物种，二者杂交产生的后代——骡一般没有生育能力。

亚种，是同一物种内因地理隔离或生态适应形成的群体，具有可区分的形态或遗传特征，但仍能与同种其他亚种交配繁殖。比如黄鹡鸰是一个物种，根据分布的地域不同，又会有很多亚种，外貌上也会有一些区别。

“林伯伯，从画中小鸟的颜色看，它和黄鹡鸰、灰鹡鸰都很接近，很难据此分辨。而两种鹡鸰最明显的一个区别是脚部的颜色不同，灰鹡鸰的脚部颜色是粉褐色，黄鹡鸰的是黑色，和画中鸟一样，这是不是可以作为鉴别的依据呢？”孟迪说。

林伯伯惊喜地眉毛一挑。“孟迪，你刚刚把黄鹡鸰的‘关键分类特征’说明白了。确实，从脚部的颜色判断，画中小鸟应该是黄鹡鸰，因为脚的颜色很难受条件的影响发生改变。”林伯伯又补充道，“这应该是北方东部黄鹡鸰的亚种。这一亚种主要分布在北方和西南部分地区，和北宋时期画家写生活动的区域相重合（北宋建都开封）。”

探案小分队，集合！

“孟迪，你觉得这种鉴别，也就是考证好玩吗？我和青冠雀后面还要考证最小的猛禽、九百年前的杂交锦鸡、真正的中国本土孔雀，还有已经消失却被古画记录下来的动物，你有兴趣加入我们吗？”林伯伯邀请道，“你观察力很强，思维也很敏捷，一定能帮我们很多忙。”

听了林伯伯的夸奖，孟迪特别开心：“好呀，我可是个侦探小说迷，您说的‘考证’在我看来就是‘探案’，找寻证据，经过缜密的逻辑思考和合理的推理，一步步发现真相，我太喜欢这样的事情了。”孟迪立刻点头答应。

“哈哈，好的，你说的这个思路很有趣，那我们‘探案小分队’成功集合！”林伯伯蹲下来，和孟迪击了个掌。青冠雀在一旁也欢快地飞舞了起来。

黄鹡鸰，体长16~18厘米。西黄鹡鸰在欧洲和亚洲大部分温带都有分布，在较温暖的地区，如西欧为留鸟，但在北部和东部的种群冬季则迁徙至非洲和南亚。繁殖区：欧亚。广泛分布非繁殖区：远东、非洲

灰鹡鸰，中等体形（约19厘米）而尾长的偏灰色鹡鸰。腰黄绿色，下体黄。与黄鹡鸰的区别在于上背灰色，飞行时白色翼斑和黄色的腰显现，且尾较长。成鸟下体黄，亚成鸟偏白。灰鹡鸰以蝗虫、甲虫、松毛虫等为食，是益鸟。繁殖区：欧亚。广泛分布非繁殖区：远东、非洲

栖于荔枝是伯劳，飞入石榴变黄鸟

这天，孟迪正在林伯伯家翻看着画儿，突然发现一个问题。

"林伯伯，这两幅画里的鸟儿明明长得一样，为什么名字却不一样，一只叫伯赵，一只叫黄鸟？"

［宋］佚名《离支伯赵图》

［宋］佚名《榴枝黄鸟图》

荔枝，古称"离支"。上古汉语中"离"有割取之意，"支"同"枝"，离支即割取枝丫的意思。古人已认识到，这种水果离开枝叶会很快变化；假如连枝割下，保鲜期会加长。明代李时珍《本草纲目·果三·荔枝》〔释名〕："按白居易云：若离本枝，一日色变，三日味变。则离支之名，又或取此义也。"

张冠李戴的名字

“伯赵，就是伯劳。”林伯伯说，“我们先来看看伯劳和黄鸟都长什么样子，是不是画里的鸟儿。”

孟迪打开鸟类图鉴，先翻到了雀形目伯劳科。

“伯劳是一种小型猛禽，它们的嘴很尖利，上嘴还带有向下的弯钩，这是肉食性鸟类的嘴的特征。大多数伯劳科的雄鸟眼部都有一块黑斑，像戴了一个黑色眼罩。”林伯伯说。

“伯劳的黑色眼罩和画中的鸟儿有点像，但羽毛的颜色和嘴的形状完全不一样。”孟迪有点儿失望，“那黄鸟呢？”

“古代黄鸟所指有两种，一指黄雀，黄雀是属于雀形目燕雀科的鸟。”林伯伯提示道。

孟迪找到黄雀那一页，仔细对比：“黄雀羽毛的颜色虽然和画里的鸟儿接近，但体型和嘴又相差很大。”

“你观察得很仔细！对，画里的鸟儿既不是伯劳，也不是黄雀。”林伯伯笑呵呵地说，“它的名字你一定听说过，杜甫有首绝句里说两个什么鸣翠柳啊？”

“黄鹂？”

“对，在古代，黄鹂也被称为黄鸟。据我看，画上的鸟儿应该是黑枕黄鹂，属雀形目黄鹂科，你可以对照分类特征来确认一下。”林伯伯说。

“黑枕黄鹂雄鸟的嘴略下弯，粉色；雄鸟整体主要呈鲜明的黄色，黑色过眼纹在枕后相连，且较粗，形成一个围绕头顶的黑色宽带（黑枕）。”孟迪读完后说道，“这些特征与画中鸟是完全一致的。原来这画中的

▲红尾伯劳（雄）

体长18～22厘米，是我国分布最广、数量最多的伯劳

▲黄雀（雄）

体长11～12厘米，鸣声悦耳，略具金属感

▲黑枕黄鹂（雄）

体长24～27厘米，叫声婉转清脆，像笛音一样

黄鹂在古代又称为鸧鹒、黄鸟和黄莺。古代黄河中下游地区的物候历七十二候中，惊蛰三候：一候桃始华，二候鸧鹒鸣，三候鹰化为鸠。二候中的鸧鹒就是黄鹂。

每当春回大地，黄鹂就会在树上鸣叫，嘹亮、婉转的叫声仿佛在表达对春天到来的喜悦之情。但黄鹂生性机警胆小，经常在高大乔木的树冠层活动，所以我们常常只闻其声，不见其影。

黄鹂可以说是我国古诗词中出现极多的一种鸟了：“青春几何时，黄鸟鸣不歇”（唐·李白《江南春怀》）；“漠漠水田飞白鹭，阴阴夏木啭黄鹂”（唐·王维《积雨辋川庄作》）；“几处早莺争暖树，谁家新燕啄春泥”（唐·白居易《钱塘湖春行》）。

鸟儿既不是伯赵，也不是黄雀，而是黄鹂！”

林伯伯补充了一句：“那围绕头顶的黑色宽带就是黑枕黄鹂名字的由来。黄鹂在我国分布很广，一直以来很受人们的喜爱。”

黄鹂吉祥图，多由诗意出

“黄鹂这么受欢迎，一定还有更多关于黄鹂的画吧？青冠雀，你能再找一些给我看看吗？”孟迪兴致满满地问。

青冠雀很快给找出了几幅，还不忘开玩笑说：“孟迪，你看，黄鹂跟你一样是个吃货！”

“哈哈，荔枝、石榴、桑葚、樱桃……黄鹂爱吃的水果真不少呢！”孟迪试着用自己知道的动植物知识来解释这几幅画，“春天，桃花盛开，黄鹂也在歌唱春天的到来。桑葚、荔枝和樱桃都是夏季结果，这时正是黄鹂的繁殖季节，筑巢，养育幼鸟，辛苦了好几个

▲ [北宋]徐熙（传）《桃花黄鹂图》

▲ [宋]佚名《桑枝黄鸟图》

[宋]佚名《樱桃黄鹂图》

月的黄鹂正在大快朵颐。石榴则是秋季成熟。这几幅画涵盖了春、夏、秋三个季节呢！”

青冠雀有些得意地说：“你是只知其一，不知其二啊，让我这个古画专家再来给你补充一下吧！其实画上黄鹂和这些水果在一起是有寓意的。黄鹂羽色金黄，名字里的‘黄’有富贵的意思，‘鹂’谐音‘吉利’；荔枝的‘荔’也谐音‘利’，裂开壳的荔枝尤其寓意‘大利’；石榴则象征多子多福，樱桃象征美好的事物。将这些事物组合在一起，表达了画家美好的愿景。”

▲[宋]佚名《榴枝黄鸟图》

孟迪对青冠雀竖起了大拇指。不过，他很快又问道：“林伯伯，说了半天，最开始的疑问还没得到解答呢。为什么都是黄鹂，但画名却不一样呢？”

“这是因为宋代人们的分类水平不是很高，有的地方把黄鹂叫作伯劳，有的地方叫黄鸟。画家根据他所在地的叫法来为画作起名，才出现了这样的情况。”

“原来是这样呀！”孟迪和青冠雀一起点头道。

不一样的麻雀

这天，孟迪兴高采烈地来到林伯伯家，一进门就嚷道：“林伯伯，青冠雀，有两只麻雀在我家的空调外挂机旁做了窝！”

林伯伯笑呵呵地说：“那可真是一件好事！以前在农村，人们都非常欢迎燕子和麻雀这样的小鸟儿在家里做窝，认为它们会带来喜庆和吉祥。”

“对呀，而且麻雀喜欢一直待在一个地方，看来你家这窝麻雀要长期住下去啦。”青冠雀逗孟迪说，“不过这样的话，你家夏天最好不要开空调，不然会把麻雀吓走的！”

孟迪拍着胸脯保证：“为了麻雀一家，我夏天再热也不开空调！”他又补充道，“林伯伯，虽然常常能看到麻雀，但我还不是特别了解它们，您再给我讲一讲吧！”

林伯伯说：“说起麻雀，它们最厉害的地方就是适应能力很强大，分布非常广泛。它们是全球分布最广的野鸟，总数大约16亿只，除了南极洲之外，每个大陆都可以见到它们的身影，甚至岛屿上也都有它们的踪迹。”

“看来，从古至今麻雀都是数量最多的野鸟之一。孟迪，你知道吗？麻雀也是宋画里出现最多的鸟类之一。”青冠雀说道，“看，这六幅画都是有关麻雀的画作。”

孟迪马上过来帮忙，把画一幅幅摊开。

◀［南宋］李迪《谷丰安乐图》

◀［南宋］佚名《梅竹戏雀图》

“我最喜欢崔白的这幅《寒雀图》。”青冠雀说。

“整幅画面共有九只麻雀，很自然地形成三组。从右至左来看，起首的那只麻雀正张开双翅向树枝俯冲，另一只麻雀则倒挂在这根树枝上，好像降落的时候冲劲儿过大，身子翻了过去。画面中间的那只麻雀，正探头看向这只倒挂的麻雀。这三只为一组。再看画面居中偏左的这一组，右下这只正扭头望向左上方的那只麻雀，再加上左下方的那只麻雀，好像形成了一个对话的三角形。画面左端的三只麻雀则都缩着头，合着眼，正呼呼大睡。整幅画从头到尾，由动到静，既有分割，又有联系，让人不禁感叹布局的自然和巧妙。”青冠雀侃侃而谈，大有古画专家的范儿。

“这幅画确实精彩，不过其他几幅也非常不错。呀！这怎么还长得不一样呢？”孟迪看着看着，突然

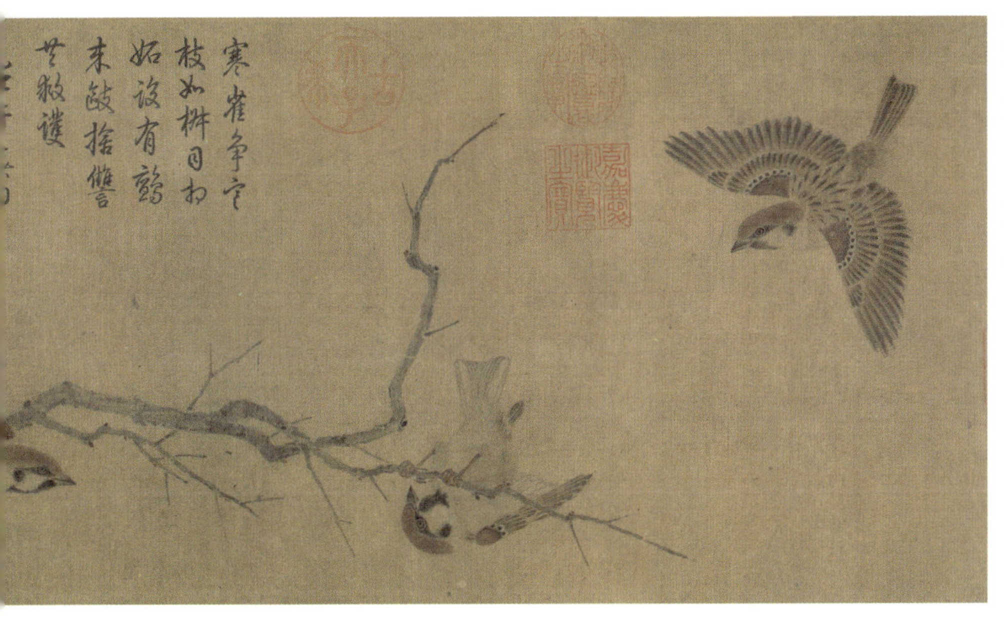

◀［北宋］崔白《寒雀图》

◀［南宋］佚名《瓦雀栖枝图》

▶［南宋］宋汝志（传）《雏雀图》

▲普通麻雀（树麻雀）

面颊上有黑斑

▲山麻雀

面颊上没有黑斑

▲家麻雀

面颊上无黑斑

发现了一个问题，“有的麻雀脸上有黑斑，有的没有啊。”

青冠雀仔细一看，确实像孟迪说的那样，《雏雀图》《山鹧棘雀图》中的麻雀面颊上没有黑色斑点，而《谷丰安乐图》《梅竹戏雀图》《寒雀图》《瓦雀栖枝图》中的麻雀面颊上有黑色斑点。“林伯伯，这是怎么回事？这是两种不一样的麻雀吗？”

“面颊上有黑斑的是普通麻雀，也叫树麻雀，没有黑斑的是山麻雀。”林伯伯给孟迪和青冠雀答疑，“还有一种家麻雀，面颊上也没有黑斑，但是它们主要分布在内蒙古东北部的呼伦贝尔、新疆西北部及喜马拉雅山脉西段，喜欢开阔的自然环境，宋代的画家可到达不了那么远的地方，所以这几幅画里的肯定不是家麻雀。”林伯伯又补充了一句，“这六幅宋画告诉我们一个重要信息：树麻雀和山麻雀是自古

◀［北宋］黄居宷《山鹧棘雀图》

▲《谷丰安乐图》局部

▲《雏雀图》局部

▲《山鹧棘雀图》局部

▲《梅竹戏雀图》局部

▲《瓦雀栖枝图》局部

▲《寒雀图》局部

就已经分布在中国本土的麻雀！”

“孟迪，那在你家做窝的是什么麻雀呢？”青冠雀好奇地问道。

“它们脸上有黑斑，应该是树麻雀！”孟迪回答，“不过树麻雀喜欢在人家里做窝，家麻雀反而喜欢开阔的自然环境，它们真应该互换一下名字！”

林伯伯笑着说：“关于这两种麻雀命名和习性之间的错位，还有一个有趣的故事呢。

“树麻雀、家麻雀的命名要追溯到1758年。瑞典生物学家卡尔·冯·林奈最早对欧洲麻雀进行了命名和区分，当时家麻雀是欧洲城市中常见的鸟类，喜欢在工厂、仓库和房屋周边筑巢；而树麻雀则常见于欧洲的乡间树木上。林奈根据不同的习性给它们命了名。

“然而，麻雀属下面有许多亚种，其中树麻雀就至少有10个亚种，分布在世界各地。当这些麻雀去往不同的地方后，生活习惯可能会发生变化。比如在中国和澳大利亚，树麻雀就和最初常见于乡间树木上的情况有所不同，中国和澳大利亚的树麻雀是城市的常住居民。”

孟迪恍然大悟：“原来是这样啊，所以最初的命名并不能完全代表麻雀在所有地区的生活习性！”

自然界中的生物种类繁多，每种生物都有它自己的名称。由于世界上各种语言之间差异很大，同一种生物在不同的国家、地区、民族往往有不同的叫法，比如在我们国家的不同地区，马铃薯就有土豆、洋芋、山药蛋等不同的名称。名称的不统一常常造成混乱，不利于交流和研究。1758年，林奈提出用“双名法”给生物命名，这种命名法被广泛采用。林奈鉴定并命名了数以万计的动植物物种，结束了动植物分类命名的混乱局面，大大促进了科学分类学的发展。

我们是“十姐妹”

星期六，孟迪到博物馆参观，看到一幅宋代的画，画上画着五只姿态各异的鸟，非常生动。孟迪看这几只鸟和麻雀有些像，但很多地方又不一样，于是决定第二天好好问问林伯伯这些到底是什么鸟。他认真地记下了画的名字:《霜筱（xiǎo）寒雏图》。

▲【宋】佚名《霜筱寒雏图》

当天晚上，孟迪做了一个梦。他梦见那五只鸟从画上飞了出来，和他一起在竹林中玩耍。鸟儿们时而落在竹子的枝杈上，时而落在他的肩膀上，不停地欢叫着，飞翔着。它们只只小巧可爱，叫声清脆。这时不知从哪儿又飞来五只一样的小鸟，和他们一起玩了起来。鸟儿们和孟迪玩得都很开心。天气有些寒冷，都能看见哈出的白气了。这时鸟儿们说："天色有些晚了，天气又冷，我们十个要回家休息了。"

"你们都住在一起吗？"孟迪问。

"是的，我们十姐妹挤在一个窝里！"鸟儿们回答道。

"那么多鸟挤在一个窝里？"孟迪惊讶地问。

"有时比这还多些！"鸟儿们回答道，"孟迪，我们走了，下次再一起玩耍。"

"谢谢你们陪我玩了这么长时间！"孟迪忽然想起了什么，问，"你们是麻雀吗？"

"不用谢！我们不是麻雀！再见！"鸟儿们说着飞了起来。

"那你们是什么鸟呀？"孟迪大声问道。

鸟儿们叽叽喳喳地笑道："你猜猜看！"

随着鸟儿飞远，空中飘来一缕渐渐远去的声音："我们是——十——姐——妹——"

十姐妹！十姐妹？这时孟迪从梦中醒来。"挤在一个窝里休息的十姐妹？告诉我这个有什么用？我还是不知道你们到底是什么鸟啊！"孟迪边伸懒腰，边

自言自语。

匆匆吃完早饭，孟迪就怀着疑问找林伯伯和青冠雀去了。“青冠雀，青冠雀！你知道《霜筱寒雏图》这幅画吗？”孟迪急切地问道。

“我刚吃完早饭，你叫我歇口气行不行？”青冠雀张着嘴说。

孟迪赶紧给青冠雀的专用水盒加满水。青冠雀慢悠悠地低下头喝上一口，然后仰起脖子咽下去，鸟嘴还嗒嗒地上下敲击着，好像在品着水的滋味。

喝了几口后，青冠雀抖了抖毛，拍了拍翅膀，然后心满意足地说：“《霜筱寒雏图》我当然知道，你为什么问这幅画呢？”

于是孟迪就将昨天参观博物馆和晚上做梦的事说了一遍。

“你还挺迷信的呢！”青冠雀嘲笑道。

“孟迪这不是迷信，而是因为白天想这个问题想得太多，晚上才会梦到。”林伯伯帮孟迪解释道。

“对！还是林伯伯理解我。”孟迪朝着青冠雀撇了撇嘴，“我想知道，十姐妹到底是什么鸟呢？”

“好，今天咱们就一起来考证一下这幅《霜筱寒雏图》吧！”林伯伯把画展开。

“我仔细看了画上的鸟，和咱们前两天考证的麻雀确实不太一样。”孟迪说。

“通过比较，我们可以发现画中鸟与麻雀外貌差别很大。中国共有五种麻雀，大小、体色十分相近，下图中所述麻雀的特征是这五种麻雀都具备的特征。

因此，画中鸟不是这五种麻雀中的任何一种。”林伯伯总结道。

· 画中鸟

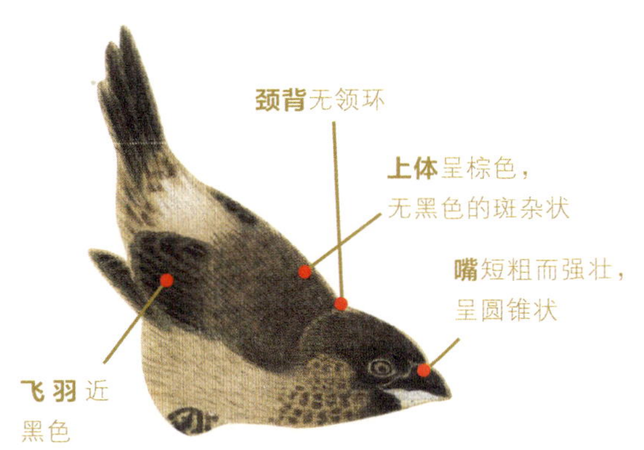

· 普通麻雀

“画中的三只小鸟停留在同一根细细的枝子上，说明这些小鸟的个头儿比较小，就算不是麻雀，也是和麻雀体形相近的小鸟。”孟迪提出了一个新的看法。

“孟迪的分析有一定道理，我们试着按这个思路分析下去！”林伯伯赞许地说，“麻雀是雀科麻雀属的鸟类，我们可以从与麻雀属鸟类的外貌有一定相似度的鸟类入手，根据它们的分类特征进行比对和考证。”

“林伯伯，和麻雀相近的有燕雀和文鸟吧？”青冠雀不甘示弱，立刻贡献了自己的智慧。

“青冠雀说得也很对。请看，画中鸟有一个很明显的特点——腰部是白色的。这是白腰文鸟的特点，也是它名字的由来。孟迪，青冠雀，你们来比对一下画中鸟和白腰文鸟的分类特征，看它们是否属于同一种鸟吧。”

“林伯伯，这些特征都是一致的。”孟迪和青冠雀仔细对比后说。

“八项分类特征都一致，这说明画中的鸟应该是白腰文鸟。”林伯伯确认道。

“林伯伯，白腰文鸟还有其他的名字吗？”孟迪心

· 画中鸟

· 白腰文鸟

相同点

- 嘴短粗而强壮，呈圆锥状
- 额、头顶前部、眼先、眼周、颊和嘴基均为黑褐色
- 下颏黑色
- 上胸栗色，各羽具浅黄色羽干纹和淡棕色羽缘
- 下胸、腹和两胁白色或灰白色。羽毛具不明显的淡褐U形斑或鳞状斑
- 腰白色
- 头顶后部至背和两肩暗沙褐色或灰褐色，具白色或皮黄白色羽干纹
- 尾黑色，先端尖，呈楔状

中还存着一丝疑惑，问道。

“白腰文鸟还有许多俗名，其中人们用得比较多的是十姐妹，因为它们常十余只一起栖息于旧巢中。”林伯伯解释。

“梦中那十只鸟告诉我它们是‘十姐妹’，还真是叫‘十姐妹’！”孟迪如梦方醒。

“在孟迪的梦里，画中鸟就把答案告诉了我们，这真是太神奇了！”青冠雀和孟迪相视一笑。

麻雀一样大小的杀手

这个周日下着小雪，孟迪和青冠雀在林伯伯温暖的书房里有一搭没一搭地聊天。

“青冠雀，你上次说麻雀是宋画里出现得最多的鸟类之一，那还有什么鸟也出现得比较多？”孟迪突然想到这个问题。

青冠雀一听来了精神：“哈哈，这真是一个好问题！据我所知，画家喜欢绘制身边常见的鸟类，比如鸳鸯、八哥等。对了，说起鸳鸯，我想起了一个‘新案件’！”

孟迪也兴奋了起来：“什么‘新案件’？”

青冠雀说：“有一幅《雪汀水禽图》，我一直没搞清楚画中除了鸳鸯之外的是什么鸟儿，我们一起去找林伯伯‘探案’吧！”

▲ [南宋]佚名《雪汀水禽图》

只识鸳鸯不识它

正在看书的林伯伯放下了手中的书，接过画仔细研究起来，不过似乎也不能一下子就确定枯枝上那几只鸟的种类。这时候，一旁的孟迪想起了什么："哎，这鸟儿我看着怎么这么熟悉呢？对啦，我上周在江西婺源见到一种小鸟，和画里的鸟儿非常像。"

"你见到的是什么鸟？"林伯伯问。

"就是有名的白腿小隼。"孟迪说，"我当时还写了一篇观察日记。"孟迪在随身携带的平板电脑上找到这篇日记，"我现在就给你们读一读。"

2024年1月30日　星期二　小雪

今天，观鸟冬令营的老师带我们在江西婺源的晓起村观察一种数量稀少、非常罕见的小鸟——白腿小隼。

在一棵大樟树上，我们找到了几只白腿小隼。它们体形小小的，和麻雀差不多大，但是外表很有特色：全身由黑白两种颜色组成，脸圆圆的，眼下还有一道黑色斑纹，酷似熊猫，真是太可爱了。不过老师说，可不要被这可爱的外表迷惑，白腿小隼可是猛禽，看它弯钩状的锋利嘴巴就知道了，它凶猛起来，可以捕捉比自己体形大好几倍的鸟呢！我发现白腿小隼动作非常敏捷，可以在空中快速地飞行和转弯，一旦发现猎物，就会迅速俯冲，突然袭击。观察了一会儿，老

▲白腿小隼

体长 17~21 厘米的小型猛禽。国内分布于南方，但极为罕见。主要以小型鸟类、昆虫、鼠类为食

师让我们把看到的白腿小隼拍下来。

这次观察白腿小隼的活动真是太有趣了！

“看，这是我带回来的白腿小隼的照片。”孟迪说。

“嗯，孟迪说得挺对，画上的这几只鸟儿确实和白腿小隼很像。”林伯伯说，“但是，光像可不行，还得有考证和分析。首先我们看看《雪汀水禽图》，画里画的是什么季节？”

“是一个下雪天，树叶都已经掉光了，湖面也结冰了。”孟迪抢着说。

“所以我们推断，画家画这幅画时所在的地方一定不是广东、广西和海南这些地方，因为那里的冬天就算下雪，湖面也不会结冰，而只可能是在亚热带北部和温带地区，最南也就在华中或华东。”林伯伯说，“青冠雀，你来说说，你知道的黑白相间的鸟儿有哪些？”

青冠雀得到了展示的机会，竹筒倒豆子似的说道：“我最熟悉的黑白两色的鸟儿就是喜鹊，可这几只鸟儿很明显不是喜鹊。还有就是白鹡鸰和寒鸦，白鹡鸰是要到温暖的南方越冬的鸟类，所以基本可以排除白鹡鸰；寒鸦则是留鸟，能待在寒冷的地方。”

突然，孟迪脑中灵光一闪，嚷道：“林伯伯，这种鸟儿和鸳鸯栖息在同一个环境里，这是不是个关键信息？”

是鹊，是鸦，还是隼？

“孟迪想得很对！”林伯伯笑呵呵地说，“鸳鸯是典型的迁徙鸟类，夏天在我国的东北繁殖，冬天呢，则到华东、华南这一带越冬。现在的鸳鸯啊，最大的越冬地之一是江西婺源，也就是孟迪刚去冬令营的那个地方。”

▲鸳鸯

鸳鸯，雁形目，鸭科，羽毛华丽的中型树栖鸟，国家二级保护动物

孟迪说道：“对对对，我去过婺源的鸳鸯湖，有几千对鸳鸯在那儿越冬，可壮观了！”

“所以说，画里这几只鸟儿一定是可以和鸳鸯处在同一个生态环境中的，而且，它们应当是在鸳鸯的越冬地。”林伯伯说，“刚才我们确定了，画面中的季节是在冬季，地点呢，是在华东这一带。而位于华东的江西从古至今一直是鸳鸯的主要越冬地。还有一个佐证是，南宋的都城在临安，也就是现在的杭州，杭州属于华东，所以说文人们也多在华东这一带写生，这点也和画中描绘的景色相符。

“来看画中的小鸟，刚才青冠雀已经排除了喜鹊和白鹡鸰，我们再看看这些鸟儿到底是不是寒鸦，还是其他的什么鸟。我们把画中鸟和白腿小隼的照片对比一下：

从解剖学的角度来说，鸟类的翅膀相当于人类的手臂。不同鸟类的翅膀形态存在很大差异。根据形态的不同，鸟类的翅膀大致可以分为四种类型：

椭圆形：翼形短而圆润，如我们常见的麻雀、啄木鸟。生有这类翅膀的鸟类起飞后短时间内即可达到较高的速度，但飞行时需要持续拍打翅膀，适于短距离飞行。

狭尖形：相较椭圆形，这类翅膀外观更加狭长，翼尖也更尖锐。生有这类翅膀的鸟儿飞行速度快，耐力强。如隼形目、燕子。

滑翔翅：翅形长而窄，常见于大型海鸟，如海鸥、信天翁。

方形翅：翅形宽且长，翼展面积较大，常见于大型猛禽，如鹰。

画中鸟和白腿小隼的腹部都是白色的，一直延伸到下颏，然后呢，头部也有白色。”

“林伯伯，等一等，我有疑问。”眼尖的孟迪发现了一个问题，“但画中鸟和白腿小隼眼部的黑斑不一样啊！另外，画中鸟并没有白腿小隼的鹰钩嘴，嘴的外形反而更像寒鸦？”

▲画中鸟

▲寒鸦

林伯伯答道：“是这样的，我们分析不能完全依靠画面，因为画面上的鸟有些简笔画的意思，细节处理得不细，所以我们还需要综合考虑其他方面的因素。比如说，我们再来对比一下它们翅膀的形态。看，画中这只飞翔的鸟，它的飞行姿态与白腿小隼一样！它的翼形，也就是翅膀的形状是狭尖形的，具有这种狭尖形翅膀的鸟都飞得特别快。在鸟类中，隼科的鸟类，比如白腿小隼就是这样的翼形。而寒鸦的翅膀是椭圆

画中鸟，狭尖形翅膀

白腿小隼，狭尖形翅膀

寒鸦，椭圆形翅膀

形的，和画中鸟的翼形不一样。

“我们还可以从这几种鸟的体长来判断。

“比较一下现实中白腿小隼、寒鸦和鸳鸯三者的体长，我们会发现鸳鸯的体长是白腿小隼的二倍以上，而寒鸦的体长几乎是白腿小隼的二倍。再看画面中，鸳鸯的体长是树上鸟儿的二倍以上，所以这几只小鸟不可能是寒鸦。”

▲白腿小隼
体长 17~19 厘米

▲寒鸦
体长 32~35 厘米

▲鸳鸯
体长 38~45 厘米

“经过分析和考证，《雪汀水禽图》鸳鸯之外的小鸟就是世界上最小的猛禽之一——白腿小隼！”青冠雀拍板道。

“真是太不可思议了！”孟迪感叹道，“七百多年前的南宋画家，居然和我在一个相似的环境，这么细致地观察到了罕见的白腿小隼！”

鸳鸯新郎换羽装，鸂鶒荷塘见新娘

［南宋］佚名《荷塘鸂鶒图》

“画面烟雾迷蒙，一湾清溪，两岸夹植杨柳，间以红花。溪中莲叶点点，鸂鶒（xīchì）戏水，其乐融融。”孟迪看着《荷塘鸂鶒图》的解说词琅琅读道，“一些白鹭破空飞向远方，蜿蜒的清溪流向画的深处……”这时孟迪忽然停了下来，盯着画中飞行的白鹭，好像发现了什么。

“林伯伯，您来看画中的这些白鹭！”孟迪喊道。

林伯伯从书房走了出来。“你们发现了什么问题啊？”

鹤类飞行时颈部向前方平直伸出，双腿向后方伸直，身体形成“一”字。

是同一种鸟吗？

孟迪递给林伯伯一个放大镜，说：“您看这些白鹭的飞行姿态是不是不一样？有的弯着脖子，有的直着脖子，是画家画错了吗？”

林伯伯观察着画面，说：“孟迪观察得很仔细，它们其实是两种不同的鸟。”

孟迪得意地看向青冠雀：“看，发现了这些区别，

丹顶鹤的飞行姿态

鹭科鸟类在空中飞行时颈部弯曲，与身体构成S形。

白鹭的飞行姿态

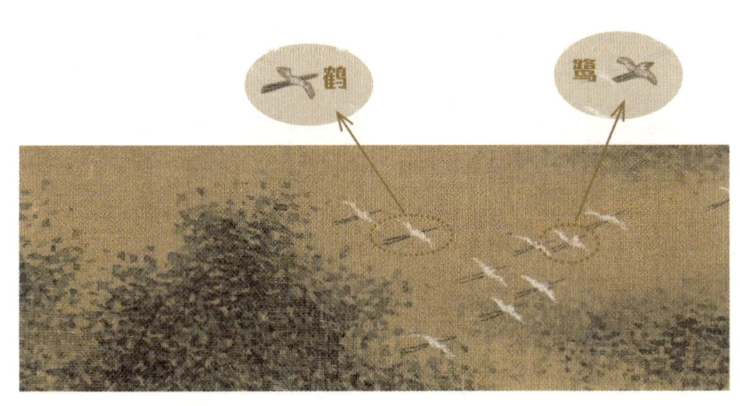

我还是有一定能力的吧！”

“因为是不同的鸟类在一起飞行，所以队形也不整齐。它们一起飞行可能是因为在迁徙过程中都来到荷塘附近休息觅食，然后恰好在同一时间离开。这说明画中的季节应该是鸟类迁徙的季节。”林伯伯进一步推论。

“我觉得林伯伯说得对。”青冠雀说，“这是宋代极罕见的一幅名含鸂鶒的画，我们来考证一下画中的鸂鶒吧？”

“好！”孟迪摩拳擦掌，跃跃欲试。

安能辨我是雄雌？

“我们先看左侧这只鸂鶒，它的羽色看起来比右边那只艳丽。”林伯伯说，“我们看到它生有浅色的嘴，白色的眉纹，胸前有两道白色的纹。青冠雀，你查查鸟类图鉴，找找具有这种分类特征的鸟。”

这是符合鸭科分类特征的鸟类，因为绝大多数鸭科鸟类雄性的体羽都比雌性的艳丽些。

“林伯伯，我比较了鸭科的鸟类，只有雄性鸳鸯具有这几个特征，但是雄鸳鸯的外貌和画中的鸟相差很大。”青冠雀汇报说。

· 画中鸂鶒

相同点

- 浅色喙
- 白色眉纹
- 胸前两道白色的纹

· 繁殖季的雄鸳鸯

“画中这只鸂鶒与雄鸳鸯的外貌相比是相差很大，不过雄鸳鸯的外貌不会变化吗？”林伯伯引导说。

“我想起来了！”孟迪回答道，“去年7月初我去鸟语林参观，那里有两百多只鸳鸯，可我们一只漂亮的雄鸳鸯都没有看到，全都是灰扑扑的雌鸳鸯。后来我们问工作人员，这里为什么没有雄鸳鸯？工作人员解释说：每年6月底7月初，非繁殖季的鸳鸯为安全度夏，就开始脱掉华丽的冬羽，换上夏羽，这时候雄鸳鸯的模样和雌鸳鸯几乎一样，唯一明显的区别是雄鸳鸯的嘴是红色，雌鸳鸯的嘴是黑色，要近距离观察才能分清。”

▲非繁殖季的雄鸳鸯

“我明白了，左边这只鸂鶒其实是一只换羽期的雄鸳鸯？”青冠雀兴奋地说。

“从画面上看，荷塘里荷叶已不茂盛，白鹭和白鹤也在迁徙，所以应该接近秋季，正是雄鸳鸯要从夏羽换回华丽羽毛的时节，所以这只鸟和右边的那只雌性很相像，但同时又有雄性的特征：白色的眉纹，胸前有两道白色的纹。”林伯伯分析。

“孟迪，青冠雀，我们再看看右边那只雌性的鸂鶒。”林伯伯说。

▶雄性鸳鸯换羽的各个阶段

· 画中鸂鶒

· 雌鸳鸯

相同点

● 深色近黑色的喙

● 胸部斑点相同的体羽

● 同样拥有翼镜

“同样生有深色近黑色的嘴、胸部斑点相同的体羽，同样拥有翼镜。”青冠雀将画中鸟和雌鸳鸯进行了详细的对比。

“看来画中的雌鸂鶒就是雌鸳鸯。”孟迪接着说。

“现在我们可以根据上述的考证归纳出结论：画中的鸂鶒是一对换羽期的鸳鸯。”林伯伯总结说，“正是：鸳鸯新郎换羽装，鸂鶒荷塘见新娘。”

是天降祥瑞，还是放飞？

新年的热闹还未退去，元宵节便又到了，孟迪和林伯伯、青冠雀一起去看花灯，现场热闹非凡。龙年的花灯做得非常威武，栩栩如生。表演的节目也精彩绝伦，让人目不暇接。

直到回家，孟迪还是念念不忘。“花灯可真好看，元宵节可真热闹啊！”

“说到这个，九百多年前，也有一年龙年的元宵节异常热闹，还以非常独特的方式被记录了下来。”林伯伯说。

“肯定是被您最近痴迷的宋画记录下来了，是哪幅？”孟迪问。

“保密，你今天得好好睡觉，明天才能和我一起‘探案’。”

“一言为定！”

一场天降的祥瑞

第二天是个极好的天气，暖暖的阳光照进了林伯伯的工作室。林伯伯、孟迪、青冠雀一起，站在投影仪的幕布前，面前是一幅非常雅致、美丽的画——《瑞鹤图》。

▲ [北宋]赵佶《瑞鹤图》

孟迪惊叹道："这幅画真好看，这鹤好像要从画里飞出来一样。"

青冠雀也感慨道："画面中宫殿的上方盘旋着18只鹤，形态各异，还有两只落在鸱吻之上，右边的鹤引颈高歌，左边的鹤曲颈相望，宫殿周围彩云缭绕。元代刘敏中评赵佶的鹤：'骨活神从，曲尽真态。'艺术发展至今，佳作不胜枚举，但是即使从今天回望，赵佶的画作也是独特且亮眼的。"

"这幅美丽的画背后还有一段传奇的故事呢。"林伯伯娓娓道来，"传说公元1112年的正月十六，也就是元宵节第二天的傍晚，北宋都城汴梁，也就是今天

《瑞鹤图》这样的作品为什么这么多年还不腐坏，颜色鲜艳呢？人们养蚕取丝，织造成绢，在保护方法得当的情况下，绢可以保存上千年或更久，不腐不坏。人们还将孔雀石、蓝铜矿、青金石等颜色漂亮的矿石研磨成粉，调制成颜料。矿石颜料可历经千年而不褪色。古人在制造上的非凡智慧，我们今日也未必能及。

的河南省开封市，皇宫正门的宣德楼上空飞来了一大群白色的鹤。宋徽宗赵佶认为此乃天降祥瑞，预示着宋朝国运兴盛，就把此情此景画了出来，这便是著名的《瑞鹤图》。为了让后来者了解这件事情，宋徽宗还用他的瘦金体记载了这个过程。接下来我要考考你了，孟迪，你说说看，这是什么鹤？”

孟迪立刻接招，跑到书架上拿出了鸟类图鉴，唰唰唰地翻到了鹤形目鹤科，筛选出了和画中鸟长得比较像的灰鹤、白鹤和丹顶鹤。

“灰鹤和画中的鹤一样有丹顶，但灰鹤羽毛是灰色而不是白色，因此可以排除灰鹤。白鹤羽毛是白色的，却没有丹顶，只是头的前部有一块红色，而且颈侧也不是黑色的，所以排除掉白鹤。最后只剩丹顶鹤了，它的羽毛是白色，头顶有丹顶，颈侧也是黑色的，特征和画中的鹤一致，画中鹤一定是丹顶鹤！”

▲灰鹤

体长100～125厘米的中型鹤类，喜集群。国内广布于除青藏高原之外的地区，为常见候鸟

▲白鹤

体长120～145厘米的大型鹤类，多成群见于开阔的湿地。在我国东部地区为罕见旅鸟或冬候鸟（区域性常见于长江流域的越冬地）

▲丹顶鹤

体长120～160厘米的大型鹤类。主要繁殖地位于我国东北，迁徙经过华北，于长江中下游地区越冬。为不常见或区域性常见的候鸟

“孟迪现在区分动物的种类时抓的点都相当准确啊！”林伯伯竖起了大拇指。

“呀，我发现了一个问题！宋徽宗赵佶把丹顶鹤的这里画成了白色，但鸟类图鉴上的明明是黑色。”孟迪指着画中的一个地方说道。

“这是次级飞羽，我个人认为，赵佶把丹顶鹤的次级飞羽画成白色是为了艺术的审美，因为这最难画的三级飞羽，也就是黑色的镰状羽毛，他画得非常准确，而这是几百年来，好多画家都没画清楚的细节。”

“我也觉得林伯伯说得对。”作为赵佶的忠实粉丝，青冠雀立马表示肯定。

“话说回来，人们总把丹顶鹤称为仙鹤，难道丹顶鹤真的能和所谓的‘上天’对话，给人类带来祥瑞吗？”孟迪问。

林伯伯呵呵笑道：“动物是否可以通灵我不知道，不过据我所查，这‘天降祥瑞’确实是另有玄机。”

“林伯伯，快告诉我，这一定很有意思。”

“别急，别急，这是一个复杂的故事，听我慢慢说给你听。”

痴迷于养鹤的宋人

为什么说“天降祥瑞”事有蹊跷呢？我们先来研究下这个场景发生的时间和地点。

《东京梦华录》与《清明上河图》一样，记载了北宋都城的城市建筑、时令节日、饮食起居等内容，此外，前者还有对朝廷庆典等事件的记录，再现了这座12世纪上半叶最繁华城市的面貌。

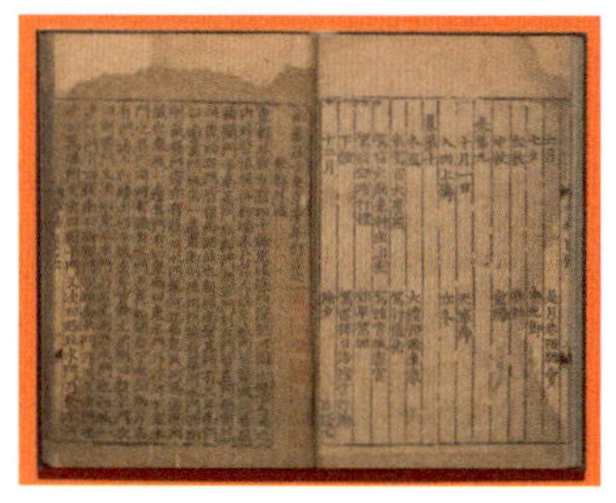

▲《东京梦华录》内文

《放鹤亭记》中写道：《易》曰："鸣鹤在阴，其子和之。"《诗》曰："鹤鸣于九皋（gāo），声闻于天。"盖其为物，清远闲放，超然于尘埃之外，故《易》《诗》人以比贤人君子。

《易经》上说："鹤在树荫下（有说"阴"指隐蔽处或北边）鸣叫，它的小鹤会应和它。"《诗经》上说："鹤在深泽中鸣叫，声音可传到天空。"大概鹤清净深远悠闲旷达，超脱世俗之外，因此《易经》《诗经》中把它比作贤人君子。

这件事发生在正月十六，也就是元宵节（也叫上元节）的第二天傍晚，这在北宋是一个非常特别的时间。据《东京梦华录》记载，东京开封府正月十六那天，皇帝的日程，开始于巍峨庄严、金碧辉煌的宣德楼。皇帝在此处宣召百姓，观看表演，并举行盛大的宴会，直到三更时分。各种歌舞百戏的表演热闹非凡，乐声喧闹，可传十余里。而傍晚，又是赏灯即将开始的时间，是气氛最热闹、人最多的时候，瑞鹤和祥云在此时出现，未免太过巧合。不过赵佶既然以书画形式记录了这个场景，并传于后世，这个事情就应该不是假的，而是真实发生的。

再说丹顶鹤，中国古人一直非常喜爱丹顶鹤，称它为仙鹤，一是因为丹顶鹤羽毛雪白，姿态优雅，翩翩然有君子之风；另外，丹顶鹤的寿命在五六十年以上，这和古人的寿命相比属于长寿，所以人们也总爱以鹤表达长寿的愿望。

因为喜爱，宋朝养鹤也非常兴盛。但是丹顶鹤的饲养条件要求较高，人工孵化难度大，有条件养鹤的大多是士大夫或者一些隐居山间水边的文人雅士。宋代的诗文中也留下了很多相关的记载。

宋代文学家苏轼曾在徐州云龙山上见到山中隐士养的两只鹤，它们非常温驯而且善于飞翔，苏轼有感而写下著名的《放鹤亭记》。

成语"梅妻鹤子"的典故，出自宋代沈括的《梦溪笔谈》，讲的是宋代诗人林逋（bū）隐居杭州西湖的孤山，以种梅养鹤为乐。林逋喜欢驾着小舟在西湖游玩，客人来拜访他时，家中的童子就会放出鹤，让鹤叫林逋回家待客。

通过这些记载，我们可以推断出北宋时期不仅流行养鹤，驯鹤也达到了很高的水平。从我们现代饲养和放飞丹顶鹤的经验来看，宋代人可能已达到自由放飞丹顶鹤的水平。

原来是一场自导自演的“作秀”

“林伯伯，这只能说明宋人具备了人工放飞丹顶鹤的能力和条件，但不能据此就确定《瑞鹤图》中的丹顶鹤是人工放飞的呀！”推理小能手孟迪非常严谨地提出了质疑。

“你说得对，那我们再分析一下丹顶鹤在这个时间自行从野外飞到开封的可能性。”林伯伯接着说道。

“丹顶鹤繁殖于我国东北地区，越冬于江苏、上海以及山东等地，偶见于江西和台湾，迁徙期间也见于河北、河南等地。在2021—2022年全国越冬鹤类同步调查期间，黄河开封段的柳园口湿地省级自然保护区就没有发现丹顶鹤，所以丹顶鹤一般不在开封越冬，但不排除迁徙期间会在开封短暂停留的可能。”

“《瑞鹤图》记录的是公元1112年2月15日发生的事情。丹顶鹤的迁徙时间一般在2月中下旬到3月中旬，但如果天气回暖早于往年，北迁时间会提前五天

竺可桢（1890—1974），中国气象学家、地理学家。中国近代气象事业主要奠基人。对建立和发展中国现代气象事业和自然资源综合科学考察事业有重要贡献，长期关注人口、资源、环境问题，是“可持续发展”思想的先行者。

到一周。”林伯伯继续说道，“我查阅了竺可桢的《中国近五千年来气候变迁的初步研究》。据他的研究，汉、唐两代是气候比较温暖的时代，两宋是较为寒冷的时代，从唐至北宋，气候是在逐年变冷的。”

“为了佐证，我又查了一下名为《宋徽宗朝开封气象编年》的文章，文中记载：政和元年（1111年）气候关键词：冷冬。政和二年（1112年）气候关键词：夏旱。政和三年（1113年）气候关键词：雪灾，冷冬。政和四年（1114年）气候关键词：正常。政和五年（1115年）气候关键词：正常。政和六年（1116年）气候关键词：冷春，干旱。

“根据记录的情况来看，如果当年气候异常，就会有记载。政和二年（1112年）的气候关键词没有提到春季的异常，而政和六年（1116年）气候关键词记载为冷春，由此我们可以说，政和二年（1112年）的春季是正常的气候，没有比往年更暖，因此促使北迁丹顶鹤提前飞归的条件就不具备了。所以，我们判断于政和二年（1112年）正月十六在宣德门上空飞翔的这群丹顶鹤可能是人工放飞。”

“真神奇啊，原来这竟是一场自导自演的‘天降祥瑞’！”孟迪感慨万分。

“整个北宋，从第三代皇帝宋真宗开始，就执着于天降祥瑞，他们通过仙鹤等珍禽的出现来昭示王朝的昌盛气象。而宋徽宗已经不满足于一只鹤、两只鹤的出现，他要更多的鹤，更多的祥瑞。不勤于政事，挽狂澜于既倒，而沉迷于虚幻的‘祥瑞’，是没有用的！

这不，十五年后，金兵便攻陷了开封，大宋也失去了半壁江山。”林伯伯总结道。

“不过，赵佶虽然皇帝当得不称职，但还是一位非常优秀的书画大家。”青冠雀忍不住急着为赵佶挽回尊严。

“这倒是没错！”林伯伯和孟迪点头同意。

九百年前的杂交锦鸡

周末，孟迪和爸爸妈妈一起去逛动物园，在雉鸡苑看到一种颜色非常漂亮的鸟。它的腹部是鲜艳的红色，头顶还有金黄色的丝状冠羽，像戴着皇冠一样，又高贵又神气。妈妈说，这是红腹锦鸡，是中国特有的鸟，传说中的“凤凰”的原型之一。

回来后，孟迪和青冠雀说起红腹锦鸡，说那是自己见过的最漂亮的鸟。青冠雀听了，忍不住笑话他说：“这你现在才知道？古人很早就知道了，几百年前便有人把这种漂亮的鸟画下来了。”

传世画作《芙蓉锦鸡图》

青冠雀铺开了《芙蓉锦鸡图》，只见画中左方横出一枝芙蓉花，一只非常华丽的锦鸡落在芙蓉花上。锦鸡是大型的鸟类，身体比较重，压得芙蓉花向下垂弯，枝头和花朵仿佛在颤动。锦鸡正好奇地看着右上方追逐嬉戏的彩蝶。画面左下角向右方斜着伸出一丛菊花，仿佛被风吹动，正迎风伸展。整幅画的主角当然是这只多彩华丽的锦鸡，但是动态的芙蓉、菊花、彩蝶，又让这幅画多了几个层次，整幅画充满了秋天蓬勃的

[北宋]赵佶《芙蓉锦鸡图》

生机。

“呀，这画中的锦鸡和我见到的红腹锦鸡长得有点不太一样！”孟迪有些惊讶，“是不是还有别的锦鸡？”

▲红腹锦鸡（雄）

雄鸟体长86～108厘米，雌鸟体长59～70厘米的大型雉科鸟类。中国特有种。性格机警，胆怯怕人

▲白腹锦鸡（雄）

雄鸟体长118～145厘米，雌鸟体长54～67厘米的大型雉科鸟类。除中国外，在缅甸东北部也有分布。性格机警，胆怯怕人

“锦鸡只有两种，除了红腹锦鸡，还有一种叫白腹锦鸡。不过，画中的锦鸡和白腹锦鸡长得也不一样，这还真是有点奇怪，以前真没注意呢。”青冠雀也被难住了。

“没关系，我们这不还有林伯伯吗？走，我们一起去请教请教他。”

一个惊天大秘密

青冠雀叽叽喳喳地抢先说：“林伯伯，我和孟迪正在看赵佶的《芙蓉锦鸡图》，发现这画中的锦鸡既不像红腹锦鸡，也不像白腹锦鸡。您快看看，这是怎么一回事？”

“哎呀，这幅画可有意思了，你们发现了一个惊天大秘密。”林伯伯故作神秘。

“快和我们说说。”孟迪迫不及待地想知道答案。

“别着急呀，这可得一步步来，我们先来比较一下红腹锦鸡、白腹锦鸡和这画中的锦鸡吧。

“红腹锦鸡最明显的特征是腹部羽毛呈锈红色。整体羽色以金黄、红色为主，色彩浓烈艳丽。头顶有金黄色丝状冠羽。披肩状肩羽和尾羽色调以金黄色为主。尾黑，满缀以桂黄色斑点。整体让人感觉富贵、大方。

“白腹锦鸡最明显的特征是腹部羽毛为白色。整体羽色则以白色、绿色为主，泛着金属光泽。头顶仅有一小撮红色的羽毛，位于绿色的前额之后。披肩状肩羽和长长的尾羽色调以白色为主，尾杂以黑色横斑。整体让人感觉婉约、秀气。

“这画中的鸟儿腹部虽然是红色，头顶有金黄色丝状冠羽，尾黑杂以桂黄色斑点，像是红腹锦鸡。但是它的披肩状肩羽的主色调是白色，这又是白腹锦鸡的特点。”

林伯伯这一分析下来，青冠雀和孟迪反而更迷糊了。

“我看呀，这画中的锦鸡既不是红腹锦鸡，也不是白腹锦鸡，说不准是画家瞎画的。”孟迪给出结论。

原来竟是九百年前的杂交锦鸡

“我不认可你的想法，这幅画的作者可是宋徽宗赵佶，他虽然不擅长当皇帝，却是个天才画家，对于绘画的追求堪称极致。听说他在观看画师们写生孔雀时，可以指出‘孔雀登高时应先迈左脚，而画师写生时画成了右脚’这样细微的问题。由这一点来看，赵佶对于绘画十分严谨，观察也非常细致，他不可能把锦鸡错画得这么离谱。”青冠雀提出了异议。

沉思了一会儿，孟迪突然灵光一现。“我之前去农村课外实践的时候见过骡子，骡子是马和驴杂交产生的后代，所以像马又像驴，那画中这只锦鸡会不会是红腹锦鸡和白腹锦鸡杂交的后代？”

“哈哈，孟迪真聪明！”一直旁观青冠雀和孟迪讨论的林伯伯终于开口了，他朝孟迪竖起了大拇指，笑着肯定说，“这的确是一只杂交的锦鸡。2016年3月，中国科学院昆明动物研究所的专家们就证实了这一国宝级名画《芙蓉锦鸡图》中的锦鸡是杂交的个体，这一研究成果还发表在国际鸟类学期刊《鹮》上。”

“赵佶也太厉害了！也就是说，这幅画除了艺术审美的价值，还有动物学研究的价值。对了，这幅画距今已经九百多年了，是不是最早记载鸟类杂交的画作呀？”青冠雀虚心地向林伯伯请教。

“我看到新闻后，也有和你一样的疑问，于是我便深入研究了一下有关锦鸡的画作。我发现早在五代、宋初时期，就有画家画过杂交锦鸡。你们看，这幅《玉堂富贵图》上的锦鸡，就是一只杂交锦鸡。这幅画比《芙蓉锦鸡图》早了一百年以上，也就是说，最早记载有鸟类杂交的画作应该有一千年以上了。”林伯伯说道，“我还研究了下这些杂交锦鸡到底是野外自然杂交的，还是人工繁育杂交的。”

“那您研究出来了吗？”孟迪着急地问道。

“20世纪60年代以来，我国鸟类学工作者不断在四川省发现红腹锦鸡和白腹锦鸡的自然杂交个体。”林伯伯继续说道，“不过，笼养条件下，红腹锦鸡与白腹锦鸡也会发生杂交，产生的杂交个体的外貌特征都与流传下来的古画相符。”

◀［北宋］黄居寀《玉堂富贵图》

▼ 红腹锦鸡与白腹锦鸡杂交个体

“那《芙蓉锦鸡图》里杂交锦鸡的原型，来自野外的可能性大，还是来自笼养的可能性大？”青冠雀也非常好奇，想知道答案。

“宋画中的杂交锦鸡比较多，并且每个杂交个体的外貌特征都不相同。例如北宋马贲的《桃竹锦鸡图》

▶［北宋］马贲《桃竹锦鸡图》

中锦鸡的外貌特征与《芙蓉锦鸡图》的锦鸡完全不同，与《玉堂富贵图》中的锦鸡外貌特征也不相同。”林伯伯说，“这些锦鸡的外貌特征各不相同，画家们的身份也有差异，互相借鉴的可能性不大，据我推测，它们应该有不同的原型。现代红腹锦鸡和白腹锦鸡的野外杂交个体的发现率尚且不高，宋代发现野外自然杂交个体的机会也应该不多，所以这些杂交锦鸡来自笼养的可能性更大。”林伯伯终于说出了答案。

▲红腹锦鸡与白腹锦鸡杂交个体

在自然条件杂交的锦鸡，因父母红腹锦鸡和白腹锦鸡都是国家二级重点保护动物，所以野外的杂交锦鸡也都是保护动物。不过，很多专家也把人工饲养条件下的杂交锦鸡界定为保护动物。人工饲养条件下的杂交动物一般是人们为经济需要和研究需要而繁育的。

“原来如此，终于真相大白了。这个‘案子’真是太有意思啦！”孟迪和青冠雀欢呼道。

是厉声劝退，还是善意提醒？

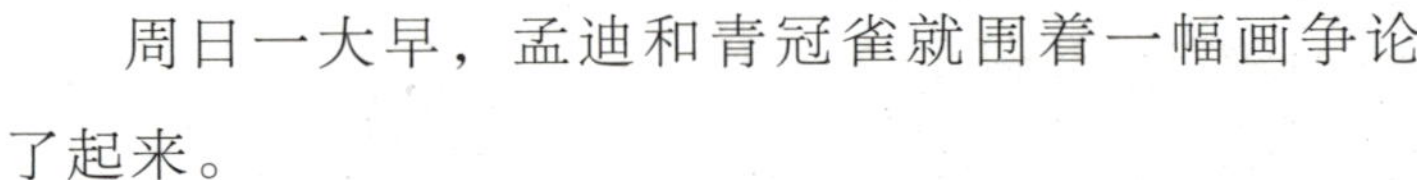

周日一大早，孟迪和青冠雀就围着一幅画争论了起来。

“肯定是鸟惊扰了兔子，兔子才回头张望！”孟迪说。

“我看是兔子惊扰了鸟，侵入了鸟的领地，鸟才厉声尖叫！”青冠雀反驳道。

“兔子那么温顺，怎么会惹着鸟呢？”孟迪为兔子说话。

“兔子也有脾气不好的时候，你没听说过‘兔子急了也咬人’吗？”青冠雀不甘示弱。

“那是兔子遭到攻击时自卫的做法。”孟迪眼看就要急了。

刚刚吃完早饭的林伯伯正好经过，听到他们吵吵嚷嚷的声音，便好奇地走了过去。

品鉴名画，分辨物种

“你们这是在争论什么呢？”林伯伯问道。

“我先说……”“我先说……”孟迪和青冠雀争着回答。

“孟迪，让青冠雀先说吧！”林伯伯调解道。

“您看这幅《双喜图》，我认为是兔子闯入了鸟的领地，惊扰了鸟，鸟才厉声尖叫，想要驱赶兔子。”青冠雀说。

“我不这么认为！应该是兔子正在树下吃草，鸟飞

◀［北宋］崔白《双喜图》共有两幅，画面略有不同

入兔子的领地，惊扰了兔子。”孟迪反驳说。

“你俩说的都有可能，不过，先别着急下定论，我们一起看看这幅画吧！”林伯伯说。

孟迪和青冠雀把画移到林伯伯面前。

“青冠雀，你是古画专家，你先和我们说一说这幅画吧。”林伯伯邀请道。

青冠雀侃侃而谈：“这幅《双喜图》是宋朝画家崔白的代表作。五代宋初的宫廷花鸟画以黄筌工整富丽、浓艳细密的花鸟画为主流，被称为‘黄家富贵’，延续百年之久。而崔白打破了黄家画派的垄断，他善于刻画自然环境中的花鸟，生动而真实，开启了新风尚。《宣和画谱》赞他：‘落笔运思即成，不假于绳尺，曲直方圆，皆中法度。’

“《双喜图》以古树、荒坡、枯草为背景，绘制的应该是深秋时节。在秋风的吹动下，老树的枯枝败叶与衰草、竹枝一起随风摇摆。上方的两只鸟，一只立

［五代］黄筌《写生珍禽图》

于枯木荆树之上，另一只则张开双翅从画面的右上方飞入，两只鸟皆大张着嘴，厉声而鸣。左下角的那只野兔被那两只鸟的尖叫声吸引，驻足回首观望。从它右前爪的姿势来看，它似乎刚刚剧烈奔跑过，才停于此处；又似乎由于惊吓而提心吊胆，不由自主地提起右前爪准备随时逃跑。"

▲喜鹊

体长38～48厘米，全身主体颜色为黑、白

"确实是一幅令人惊叹的画作，工笔细勾，又有墨染写意的风采，在写实中追求意境的表达，最终形成了这么一幅活泼、生动的画。"林伯伯说，"放大了看，画家将鸟和兔子画得非常细致，分类特征也画出来了，足以让人分辨出来是什么物种。我们先来看看这画中的鸟儿是什么鸟吧。"

▲灰喜鹊

体长32～40厘米，全身主体颜色为黑、蓝、灰

"将画中的鸟与喜鹊、灰喜鹊进行比较，可以很容易分辨出它们是灰喜鹊。"林伯伯说，"接下来，我们再来鉴定一下这只兔子。画中兔子的背部和头呈暗棕色，尾部和背部是一样的颜色，腹部是米黄色，和背部无明显反差。"

▲画中鸟

"林伯伯，它的耳朵、眼睛和我平时见过的兔子的不一样！"孟迪发挥了他细致的观察能力。

"没错，这只兔子的耳尖有黑色三角形斑，眼睛周围有一圈环纹。这些是华南兔的典型特征，其他种类的兔子都没有。由此，我们可以确定，画中的兔子是一只华南兔。"

两种截然不同的想法

▲华南兔

夜行性，但白天也能见到。自己不挖洞，而是利用其他动物挖的洞。占据的洞一般有一个平整的洞口，洞口外堆有粪粒。分布于中国南部、东南部和台湾地区，延伸到越南北部

“接下来，我们讨论一下你们的观点。”林伯伯说，“我们先看看青冠雀的观点，你认为是华南兔侵入了灰喜鹊的领域，两只灰喜鹊在厉声鸣叫，警告华南兔，想要劝退它。”林伯伯分析说，“这样想其实很合理，灰喜鹊的做法是行为生态学中动物保卫领域的一种行为。动物保卫领域的方法有很多种，主要是依靠声音炫耀、行为炫耀和气味炫耀，很少发生直接的接触和战斗，除非是在第一次确立领域的时候。

“画面中的灰喜鹊使用的是第一种保卫方法——靠鸣叫声对入侵者发出信号和警告。华南兔显然已听到灰喜鹊警告的鸣叫声，因此抬起了右前腿，它可能会采取远离的措施，离开灰喜鹊的领域。”

“噢，原来是这样呀！”青冠雀觉得自己胜券在握了，有些得意地看向孟迪。

林伯伯说：“我们再来讨论一下孟迪的观点。孟迪认为是鸟飞入兔子的领地，惊扰了兔子，这也是一种可能性。不过，你有没有想过，鸟为什么这么做呢？”

“是想赶走兔子，霸占它的地盘吗？”孟迪犹豫着回答道。

“哈哈，它们之间可没有竞争关系，从动物学的角度，我认为灰喜鹊是在善意地提醒兔子，有危险正在降临。

“我会这么想，是因为行为生态学上还有一个行

有的动物，如某些禽类在保卫自己的领域时有三道防线：

（1）靠鸣叫声对可能的入侵者发出信号进行警告，这对远距离的潜在入侵者有提醒和驱赶作用。

（2）当来犯者不顾警告，非法侵犯到自己的领域边界时，动物便采取各种特定的行为炫耀来维护自己的领域，即做各种动作给对方看，以便驱赶中距离范围内的实际入侵者。

（3）如果入侵者仍坚持侵犯领域的话，领域主人便采取驱赶和攻击行为。

为——报警鸣叫。鸟类和哺乳动物的报警鸣叫是在有潜在危险时发出的，一般是在捕食者出现于视野之内时发出，除了提醒同类，它们也会提醒其他动物。这里的灰喜鹊，很可能就是在报警鸣叫，帮助华南兔摆脱天敌。”

“原来动物们也会互相帮助呀，这可太有意思了！”

“林伯伯，我们两个的观点到底哪个对呀？”青冠雀着急地问。

“我觉得我的观点对。”孟迪自信满满。

“从画面看，你们的观点都有可能是对的。从不同的视角看，这幅画有不同的解读空间，是不是也很有意思呢？真正的秘密呀，大概只有画家本人知道啦！”林伯伯笑着说。

大自然中有很多生物之间互相帮助、互惠共生的例子，比如某些鸟类的报警鸣叫。飞翔于空中或者居于树上的鸟视野较好，往往能够更早发现潜在危险。它们除了保护自己之外，也会发出报警鸣叫，帮助其他动物躲避危险。树木和真菌也有互助网络，真菌从树木处获取养分，同时也为树木提供水分和地下更深处的营养元素。

绿色混入蓝色会变成黑色

这天一大早，便有人咚咚咚地敲门。林伯伯拉开门，看到孟迪手里正晃着什么，兴奋地看着自己。

“哟，你这是？”林伯伯好奇地问道。

“林伯伯，我前几天和爸爸妈妈一起去了云南的西双版纳玩，那里可好玩了。这是我给您和青冠雀带的礼物——孔雀冰箱贴。”

林伯伯乐呵呵地接过了礼物，招呼孟迪进门：“快进来给我们讲讲旅行的见闻吧。”

“我们先拆礼物吧！”停靠在林伯伯肩膀上的青冠雀一直伸着脖子，有点迫不及待了。

一行人来到客厅的餐桌旁，孟迪赶紧拆开礼物，林伯伯凑上去一看，却眉头一皱。

“怎么了？您不喜欢孔雀吗？”孟迪感到有点儿局促，担心林伯伯和青冠雀不喜欢自己选的礼物。

“我很喜欢孔雀，一直以来我都很关注孔雀，但是我看到这个冰箱贴上的蓝孔雀，却有点儿难过。”林伯伯叹气道。

“为什么？”孟迪有点儿丈二和尚——摸不着头脑了。

“这个我知道！”林伯伯还没答话，青冠雀抢先说，“真正的中国孔雀是绿孔雀，而不是蓝孔雀！”

“没错，来我书房，我们一起看看。”林伯伯说。

“太好了，又要开始解谜啦！”

◀［北宋］崔白《枇杷孔雀图》

被古画记录下来的中国本土孔雀

枇杷的果实甘甜可口，果实和叶片制成的枇杷膏可以润肺止咳；枇杷果实成熟之时满树金黄，有“金玉满堂”的美好寓意，所以枇杷一直深受中国人的喜爱，常常出现在古画中，或被种植在园林里。不过，关于枇杷有一桩“错案”，枇杷的学名是 *Eriobotrya japonica*，其中的“*japonica*”是日本的意思，这是因为枇杷在公元 9 世纪前传入日本，林奈的学生通贝里(Carl Peter Thunberg) 到日本采集植物时，把很多原本产自中国、后被日本引进的植物采了回去，还用“日本的”一词来命名，因此有了这样张冠李戴的错误。

林伯伯拿出了一幅《枇杷孔雀图》。“孟迪，你看，崔白的这幅画作记录下了我们中国本土唯一的原生孔雀种类——绿孔雀。”

“咦？这是崔白的画？和之前的《双喜图》完全不是一个风格，倒像是黄筌父子的风格。”孟迪一看到这幅画，便发出了疑问。

“哈哈，孟迪，你现在也是‘古画小专家’了。没错，这是崔白改变风格之前的作品，富丽工整，是当时非常流行的黄家画派的风格。”青冠雀解答道。

青冠雀又补充道：“这幅画中有两只神采奕奕的孔雀，其中一只站在枇杷树上，眼睛炯炯有神，长长的、漂亮的尾羽舒展着，另外一只半隐在太湖石旁的花丛中，仿佛在低嗅花香。画中还绘有绶带鸟、黄腹山雀，以及竹子、月季和百合等，整幅画显得热闹非凡，又富有贵气。”

白色绶带鸟和红色绶带鸟同为绶带鸟，是同一个物种。绶带鸟的尾巴长而纤细，飞翔起来姿态优美，飘然若仙，被称为“林中仙子”。绶带鸟在中国传统文化中象征健康与长寿，有着很好的寓意，很得文人墨客的青睐。

“那绿孔雀和蓝孔雀有什么区别呢？”孟迪接着好奇地问，“是不是一个是绿的，一个是蓝的？”

“绿孔雀和蓝孔雀同属于雉科、孔雀属，外貌有很多相似之处，不了解的人很容易将两者混淆。看体羽的颜色是绿色还是蓝色，的确是区分它们的方法之一，不过，它们之间更大的不同是颈部羽毛的形态：绿孔雀颈部的羽毛呈鳞片状，像一片片的鱼鳞，也像古代战士的铠甲；而蓝孔雀的颈部羽毛则呈丝绒状。”林伯伯回答道。

“还有一点，绿孔雀的冠羽，也就是头顶的羽毛是簇状的，聚在一起，高高耸立，形状如柳叶；而蓝孔雀的冠羽则是散开的，羽毛的形状呈扇状。”青冠雀也补充了一点。

“此外，绿孔雀雌雄颜色都很鲜艳，只是雌性绿孔雀的尾巴没有那么长；而蓝孔雀雌雄鸟差别很大，雌性蓝孔雀在雄性面前显得就有点灰头土脸了。”林伯伯又笑着说，“最后，还有一个小知识，那就是绿孔雀体形略大于蓝孔雀，是体形最大的雉科鸟类。”

“原来是这样，那我会分辨绿孔雀和蓝孔雀啦，以后再也不会认错了。”不过，孟迪还有一个困惑，“您说绿孔雀才是我们中国本土的孔雀，可我之前去动物园见到的好像都是蓝孔雀，几乎没有绿孔雀啊！为什么呢？”

主要分布于东南亚地区，中国分布于云南西部和南部，是罕见的留鸟

▲绿孔雀（雄）

也称印度孔雀，是印度的国鸟，主要分布于斯里兰卡等南亚地区

▲蓝孔雀（雄）

备受冲击的中国传统孔雀文化

林伯伯叹了口气：“绿孔雀现在已经是濒危物种了，数量甚至比大熊猫还稀少。这说来话长，你听我慢慢说。

“绿孔雀羽毛华丽，体态优雅，自古以来就受人们喜爱：中国古代文学作品中多有绿孔雀的形象；中国古画中的孔雀从特征来看也都是绿孔雀；青铜器、景泰蓝、玉石等艺术品里也不乏以绿孔雀为原型的作品；傣族传统的孔雀舞也是以绿孔雀为模仿和歌颂对象……

“绿孔雀曾广泛分布在华夏大地上，但长期的栖息地破坏和人类干扰等因素，使得绿孔雀的栖息地大幅减少，如今全球的绿孔雀种群都处于濒危状态。即便是在被称为国内孔雀故乡的云南，绿孔雀总数量也不过500只左右（截至2022年7月，据中国野生动物保护协会公布的信息），且分布区域十分偏远。这些年来，绿孔雀在云南一直鲜为人知地艰难生存着。”

“现在，绿孔雀种群拯救形势堪比当年麋鹿、朱鹮，这是我们鸟类的悲哀呀！”青冠雀难过地插了一句话。

林伯伯接着说：“是的。与此相反，蓝孔雀却因易于养殖而被大量繁育，随处可见。关于蓝孔雀究竟是什么时候进入中国的，目前尚不可考。有人怀疑蓝孔雀是在公元5世纪时（中国的魏晋南北朝时期）跟着第一批斯里兰卡派往中国的使团进入中国的，但当时这个使团携带货物的史料记载中并没有提到蓝孔雀。这可以证明蓝孔雀并没有很早被引入中国。

麋鹿，中国特有的珍贵动物，为国家一级保护动物。头似马，角似鹿，蹄似牛，尾似驴，俗称“四不像”。麋鹿曾在中国本土灭绝，仅有少数流落海外，后被重新引回中国，在精心培育之下，种群逐渐壮大，放归野外后形成了自然种群。麋鹿种群恢复是我国野生动物保护的成功案例，历经百年曲折，这一神奇的物种终于再次出现在我国广袤的土地上。

▲麋鹿

“现在，不论是野外栖息地还是动物园中，绿孔雀都已经极为罕见，绿孔雀的家乡——云南的西双版纳甚至也遍布蓝孔雀的身影。亲眼见过绿孔雀的人越来越少，慢慢地，相当多的人认为蓝孔雀就是中国本土物种，甚至只知蓝孔雀而不知有绿孔雀。这导致我国传统的孔雀文化也发生了异变。

“一些传统孔雀舞、传统绘画作品，例如工笔画作品中开始出现了蓝孔雀，这些传统文化的继承者没有意识到自己所观察的对象已被偷换。绿孔雀相关的非遗文化继承者却由于忠实于传统被边缘化，生存之路艰难。外来物种引入间接导致我国传统文化的异变甚至丧失，这在我国过去的物种保护工作中是罕见的，同时，对中国传统文化的传承和延续也造成了不小的冲击。”

▲[近代]何香凝《孔雀》

“绿孔雀文化被蓝孔雀文化侵入，让我想到之前画画调色时见到的一个现象——当你不断地把蓝色颜料加入绿色颜料中时，蓝色颜料越来越多，越来越多，颜色就变成了黑色！”孟迪的情绪有些低落。

“不过，现在已经有不少人注意到了这些情况，在努力地宣传和保护绿孔雀，绿孔雀野外种群数量在缓慢增加，人工繁育绿孔雀的工作也在开展。虽然还面临很多困难，但我相信这些情况会得到改善。”林伯伯宽慰青冠雀和孟迪，“来，我们一起来做一张绿孔雀和蓝孔雀的对比图，下次我出去做科普活动的时候，也给大家讲一讲绿孔雀和蓝孔雀的不同，为保护我们本土的绿孔雀尽一份力！”

鸿鹄不分，一错近千年

这天，林伯伯和孟迪一起看陈胜和吴广起义的故事。当陈胜说出“燕雀安知鸿鹄之志哉！”的时候，孟迪也跟着激动了起来。

林伯伯乐呵呵地逗他：“你知道这句话是什么意思吗？”孟迪认为“燕雀”大概是像燕子和麻雀这样的小鸟，“鸿鹄”应该是大鸟。小鸟飞不高，也飞不远，看不到大鸟所看到的景色，所以小鸟没有办法理解大鸟，就像其他人不理解陈胜的志向一样。

孟迪初识燕雀、鸿鹄

▲燕雀

体长15~16厘米的中型燕雀科鸟类。本种羽色比较艳丽，具有显著的白腰，野外比较好辨识。在中国，除了青藏高原等地外，在其他地方都较常见，是常见的冬候鸟。喜欢待在林地、灌丛和城镇公园，喜欢集群活动

“你说得对。不过需要注意的是，‘燕雀’既有可能是指我们寻常可见的燕子和麻雀，也有可能就是指燕雀。燕雀是雀形目雀科燕雀属的鸟类，体形大小和麻雀差不多。‘鸿鹄’可以拆开理解，‘鸿’指鸿雁，我们常称为‘大雁’，‘鹄’指天鹅，但古人同时也称天鹅为‘鸿鹄’。不管如何，陈胜用‘燕雀’和‘鸿鹄’来做对比，主要是想表达自己和一般人不一样，想要做一些大事的远大理想。”

“真有趣！我也想做鸿鹄，不想做燕雀。”孟迪道。

“这我可不认同。我们这些停留在树间枝头的小鸟，也能看到大鸟看不见的景色呢！”青冠雀忍不住要为自己争辩。

“哈哈，说起来，我前阵子还在一幅宋画里发现了关于鸿鹄的‘案子’，那可是一错近千年，很有意思。不过，一两句话可说不明白，你们跟我来。”林伯伯眼看他俩要争执起来，赶紧转移大家的注意力。

古人爱用“鸿鹄”表达自己高远的志向，比如三国时魏国曹植有“燕雀戏藩柴，安识鸿鹄游”，意思是燕雀在篱笆间嬉戏，又岂能知道鸿鹄的志向！南宋辛弃疾有“鸿鹄一再高举，天地睹方圆”，意思是我要像鸿鹄一样，一次次举翅高飞，看看这天地是方是圆。

一桩近千年的“错案”

林伯伯打开了投影仪，幕布徐徐展开，一幅古画出现在大家的眼前。只见画中有两只雪白的大鸟，其中一只正昂首远眺空中的小鸟，另一只正低头梳理羽毛。在它们的旁边，雪花覆落在枯黄的芦草之上。

青冠雀感慨道：“近处的大鸟举止娴静、优雅，远处的小鸟灵动、活泼，仿佛要飞出画面。一大一小，一静一动，真是一幅精致、讲究的画。”

林伯伯说：“青冠雀说得对，这是一幅非常漂亮的画。不过，站在动物学家的角度，我还是忍不住感慨一句，这真是‘鸿’‘鹄’不分，一错近千年呀！”

“‘鸿’‘鹄’不分？这幅画名为《雪芦双雁图》，雁应该是指大雁，难道这不是大雁？”孟迪推断道。

“确实。我们一起来看一看。”林伯伯说。

▶[宋]佚名《雪芦双雁图》

“双雁”不是雁

▲鸿雁

雁形目鸭科雁属，体长80～93厘米的大型雁。飞行的时候常常排成“一”字形或者“人”字形

“我们先看看鸿雁长什么样。鸿雁在中国分布较广，是中国家鹅的祖先。鸿雁的背、肩、三级飞羽及尾羽都是暗褐色。看颜色我们就可以知道，画中的鸟并非鸿雁。”

“那么，有和画中一样的白色大雁吗？”孟迪问道。

“还真有一种，而且名字和它的颜色也很贴合，叫‘雪雁’。”林伯伯回答道。

“哇，那这幅画里的鸟一定是‘雪雁’！画家特地在旁边芦草上画了雪，提醒我们呢！”青冠雀抢答道。

“能够结合环境去推理，你真是个不错的侦探，不过从动物分类角度来说，还需要更多的证据才行。看下面的图，我们能明显看到，雪雁与画中的大鸟除了身体颜色是一致的，其他特征都不相同。所以，画中那两只雪白的大鸟不是雪雁。”

▲雪雁

雁形目鸭科雁属，体长66～84厘米的中型雁。体色雪白或蓝灰，白色型通体雪白，只有初级飞羽黑色，羽基淡灰色，初级覆羽灰色。雪雁是罕见的冬候鸟，也是雁属唯一体羽为白色的种类（家鹅除外）

· 画中鸟

是“鹄”不是“鸿”

▲大天鹅

体长145～165厘米的大型白色天鹅，国家二级保护动物

▲小天鹅

体长115～140厘米的中型白色天鹅，国家二级保护动物

▲疣鼻天鹅（雄）

体长125～160厘米的大型白色天鹅，国家二级保护动物

“从画中鸟的特征来看，它更像是天鹅。”林伯伯说。

“全世界的天鹅有七种，中国有三种，即大天鹅、小天鹅和疣鼻天鹅，它们都是雁形目鸭科天鹅属的鸟类，栖息环境也比较像，常见于水草繁茂的河湾和开阔的湖面。三种天鹅有一些共同的分类特征：颈比身体稍长或者与身体等长，脚是黑色或灰色。

“《雪芦双雁图》中的鸟颈与身体几乎等长，脚是黑色的，符合这三种天鹅的分类特征。

那么，画中鸟到底是哪种天鹅呢？孟迪，青冠雀，你们来比较一下这三种天鹅的不同之处吧。”

“雄性疣鼻天鹅前额有一块瘤疣的突起，因此得名。雄鸟的嘴大多是红色，嘴的基部具有黑色的疣状突。雌鸟无疣状突或突起较小，体形也较小。

“大天鹅嘴的前部大多黑色，嘴的基部无疣状突，但有大片黄色，嘴基黄色沿嘴缘向前伸到鼻孔下面。

“小天鹅嘴的前部大多黑色，嘴的基部无疣状突，但有黄斑，嘴基黄斑沿嘴缘前伸至近鼻孔。”

孟迪和青冠雀对照鸟类图鉴，确认了三种天鹅的特征。

“画中这两只大鸟的嘴没有疣状突，且嘴的尖部是黑色，所以不可能是疣鼻天鹅。再仔细观察画中鸟的嘴，它嘴基的黄色沿嘴缘向前伸到鼻孔下面，所以画中鸟的真身其实是大天鹅！”孟迪兴奋地抢先宣布了结果。

“真是一错上千年。”青冠雀惊叹道。

“之前我们也说过，宋代人们对动物的分类不是很系统，也不是很详细，往往会把习性或外表相近的多种动物归为一类，所以把天鹅也说成大雁。”林伯伯解释道。

高飞的小鸟

“对了，我们还忘了一位朋友。”林伯伯提醒道。

“您说的是画面右上角那只高飞的小鸟吧？”孟迪抢着说。

▲普通翠鸟

体长15～18厘米的小型翠鸟，几乎遍布全国

▲蓝耳翠鸟

体长15～17厘米的小型翠鸟，国内仅见于云南南部

▲斑头大翠鸟（李云涛 摄）

体长22～23厘米中型翠鸟，国内见于云南南部、华南和海南

“从画中鸟的体羽颜色和飞行姿态判断，这应该是一只翠鸟。

“中国翠鸟属的鸟类和这只小鸟比较接近的只有三种——普通翠鸟、蓝耳翠鸟、斑头大翠鸟，都是佛法僧目翠鸟科的鸟类。

“蓝耳翠鸟分布于我国云南南部，斑头大翠鸟分布于我国云南南部、华南和海南；大天鹅繁殖于我国新疆、内蒙古和东北，越冬于黄河三角洲至长江中下游流域，迁徙经过华北、华东，偶至东南沿海及台湾。大天鹅和蓝耳翠鸟、斑头大翠鸟大体不在同一个分布区，所以，它们应该不会被同时画进一幅画里。

“普通翠鸟在我国分布很广，中国东北、华东、华中、华南及西南地区都可以见到它的踪迹。除了在东北地区为夏候鸟之外，在其余地区皆为留鸟，它和大天鹅可以在冬天分布在同一地区。

“另外，画中小鸟的体羽颜色和飞行姿态也和普通翠鸟吻合。所以，画中右上方正要飞离的小鸟就是普通翠鸟！”林伯伯分析完后，孟迪和青冠雀都赞同地点了点头。

“真是好厉害的一幅画！”孟迪感慨道。

“这幅画的尺寸很大，我认为这可能是画家为了追求写实，让画中的大天鹅、翠鸟、芦苇的比例和现实生活中一样，才选择了这个尺寸，真是讲究。”青冠雀也有感而发。

林伯伯点点头：“《雪芦双雁图》的画家是一名真正深入观察生活的画家，他对大天鹅细致入微的观察让人惊叹，对大天鹅分类特征描绘的准确程度也令我感到不可思议！”

▲普通翠鸟的飞行姿态

▲斑头大翠鸟的飞行姿态

（李云涛 摄）

牧童手中的木棍儿

“‘吹面不寒杨柳风’，不错的，像母亲的手抚摸着你。风里带来些新翻的泥土的气息，混着青草味儿，还有各种花的香，都在微微润湿的空气里酝酿。……牛背上牧童的短笛，这时候也成天在嘹亮地响……”书房里，孟迪高声朗读着一篇文章，青冠雀在一旁跟着摇头晃脑。

“这是朱自清的《春》。冬天时人们总是格外期待春天的到来啊。”林伯伯感慨道。

“林伯伯，我真羡慕牧童的生活啊，他们吹着短笛，一边放牛一边玩耍，真是惬意！”

“今天我们要看的古画，正好也和牧童相关，不过牧童手里拿的却不是短笛。”林伯伯故意卖了个关子。

“难道拿的是放牛的鞭子？”孟迪猜测，“但这样就一点诗意都没有了。”

“哈哈！孟迪，青冠雀，我们一起来看看这幅画吧。”

忙忙碌碌的牧童

“一棵大树，两头牛，一个背靠在大树旁的牧童——你们看看牧童手里拿着什么。”林伯伯说。

[宋]李椿《牧牛图》

孟迪凑近了仔细看。“呀，他拿着的是小木棍，木棍上还站着一只鸟。不过这个牧童看起来年纪有点大啊！”孟迪有个疑问。

林伯伯说：“古时候男子不满二十岁都是不束发的。画中的牧童头发散乱，一看就未成年。”

“那这只鸟是什么鸟呢？”孟迪好奇地问道。

“我们把画面放大来看看。画中的这只鸟通体黑色，左右翅膀有两块对称的白色翼斑，符合八哥的外貌特征。”林伯伯分析道。

孟迪对比了一下八哥和画中鸟，发现了一处不同：“林伯伯，画中鸟没有八哥脑门儿上那一簇黑色的羽毛啊。”

“我知道！这个叫冠羽，八哥的冠羽是在成年后才有的。难道说这画中的是一只雏鸟？”青冠雀抢答道。

“这只鸟站着的木棍很纤细，那它的个头儿应该不大，还真可能是只雏鸟。”孟迪也发现了一个点。

“你们说得很对，画里的牧童手持木棍架着鸟，是在驯养八哥上杠与下杠。驯养八哥一般都是从雏鸟开始的，每次喂食之前，主人发出上杠与下杠的命令，如果八哥按指令去做，就给食物奖励。”林伯伯分析道。

古时候男子也留长发，但儿童时期不束发，头发下垂，称为“垂髫（tiáo）”。到二十岁左右时会举行一个成人礼，叫“冠礼”。举行成人礼的时候，把头发盘成发髻，谓之“结发”，然后再戴上帽子（冠）并赐字，标志着从少年向成年的转变。

▲八哥（成鸟）

雀形目椋鸟科八哥属。冠羽突出，全身羽毛多呈黑色，翅有白斑，飞行时展开双翅可看到“八”字形的白斑

· 画中鸟

· 八哥（雏鸟）

相同点　● 未生冠羽　● 白色翼斑　● 尾无白斑

“在成书于宋代的《尔雅翼》中我们也可以找到驯养八哥的相关记载。‘荆楚之俗，五月鸲鹆（qúyù，即八哥）子毛羽新成，取养之以教其语。’荆楚就是现在的湖北省及其周边地区，这句话的意思是：荆楚有这样的习俗，五月等八哥雏鸟羽毛长齐了，就驯养它说

话。八哥是我国南方常见的鸟类，它们喜欢待在水牛或者猪的背上吃寄生虫，有时候它们也在翻耕过的农地里觅食，所以它们总是出现在农耕场景中。”林伯伯补充道。

“那他是放牧放得无聊了，才来驯养八哥的吗？他玩得还挺开心呢！”孟迪有点儿羡慕。

“应该不只是为了好玩，还有可能是为了把八哥驯好后卖掉，补贴家用。”林伯伯想了想，说，“因为宋代的时候民间比较流行养鸟。《都城纪胜》就有记载，那时候有专门供人们聚集在一起斗鸟、斗鸡、斗蟋蟀的地方。所以，牧童驯养好八哥后，是不愁销路的。”

另有乾坤的大树和牛

“您真厉害，仅凭这幅画，可以‘推理’出来这么多东西。”孟迪感到由衷的佩服。

“其实我还有个更厉害的发现，我能论证出这幅画画的具体是我国哪个地区，你们信不信？”林伯伯故作神秘地说。

“您吹牛，这幅画距今都几百年了，画上除了树、牛、牧童和八哥，什么也没有，怎么可能知道是哪个地区呢？”孟迪不信。

“哈哈，就凭借树、牛、八哥，我就能推断出来。”林伯伯揭秘道，“你们看，这画中大树的叶子在叶轴的两侧呈羽毛状排列，这叫羽状复叶；叶子形状为卵圆形，这是槐树的经典叶型。”

孟迪和青冠雀赶紧在笔记本电脑上检索槐树的照片，和画中的大树一比较，果然一模一样。

▲槐树，羽状复叶，通常由9~15片叶子组成

林伯伯又说：“接下来，我要考考你俩了。你们来推断一下画中的牛是什么牛。”

孟迪马上说：“我先来，我之前和您去田野观察的时候见过黄牛，您还说黄牛是中国饲养最多的牛，所以我猜画中的牛是黄牛。”

青冠雀反驳说：“肯定不是黄牛。黄牛黄牛，肯定是黄色的，而画中的牛是黑灰色的。我猜是水牛，水牛也是中国常见的牛。”

“黄牛和水牛确实都是我们中国常见的牛，它们的主要区别在于身体的颜色和角的形状，我们一起来比较比较。”林伯伯说。

· 画中的牛

· 角底部粗大，呈方形，角尖向后弯曲
· 体毛为黑色

· 水牛

· 角底部粗大，呈方形，角尖向后弯曲
· 体毛大多为黑色，少量灰黑或棕色

· 黄牛

· 角短且细长，偏直立
· 体毛多为黄色

这一对比就很明确了，画中果然是水牛。

“现在，我们已经确定了画面中有八哥、槐树、水牛，接下来，我们一起来看看，宋朝的时候，这三样东西在哪些地区会同时出现呢？

“八哥在我国南方地区广泛分布，但既有槐树，又有水牛的地区则多半位于中原南部。其中，河南南部在北宋时期属于荆湖北路，也就是《尔雅翼》中所说的驯养八哥的荆楚之地。根据这些信息，我们把这幅画所在的地域范围缩小到了河南南部。

“另外，槐原产中国北部，是我国北方优良的乡土树种，以黄河流域华北平原及江淮地区最为常见。看环境，画中的槐树应该是生长在野外。野生槐树在江淮地区有分布，而华东和华南的槐树多为庭栽，野生槐树较少。河南省南部的信阳就位于淮河的上游地区。

“另外从水牛饲养历史来看，水牛饲养分布区的北端也是河南南部。河南的信阳、罗山等地有一个品种的水牛，名为‘信阳水牛’。它们骨骼粗大，肌肉发达，头型魁伟，眼大有神，角基部粗大，呈方形，角尖向后弯曲。屁股宽广略斜，尾短不过飞节（跗关节的俗称）。

▲信阳水牛

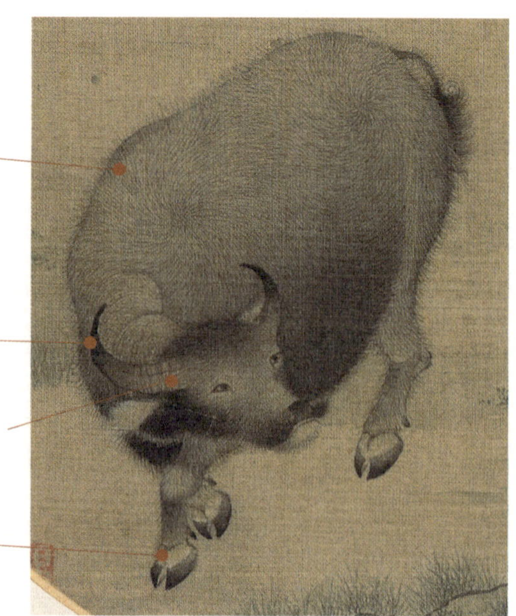

体毛多为黄灰色或者黑灰色，并随年龄的增大而加深。四肢内侧及下腹部多呈黄白色，肢端多白色。多数牛有明显胸环，少数有颈环。画中水牛的特征都与信阳水牛特征相符合。

“所以呀，这幅画所绘的场景应该是在河南省的南部地区，可能在现在的信阳一带，而画中的水牛，应该就是信阳水牛。且《牧牛图》的绘制时间应该在北宋，因为南宋画家的活动地区主要在江南地区，而北宋的疆域才与画上这三个主要元素的分布地区相符。”

经过缜密的推理和论证，林伯伯竟然真的分析出了这幅画所画的地区，真是太惊人了。

“林伯伯，您没说人话，真是人厉害了！”林伯伯精彩的分析过程让孟迪和青冠雀心服口服。

它就是只猴

这天，孟迪和青冠雀正面红耳赤地争论着什么。

我们经常说的“猿猴”，其实是灵长目类中两种不同的动物：猿和猴。猿包含了三个属一个科：大猩猩属、黑猩猩属、猩猩属和长臂猿科，前三属的外观辨识度比较高，基本一眼就能认出来，不会与猴混淆，但长臂猿体型和猴差不多，我们在动物园看到它们时不一定能区分出来。

▲［南宋］毛松（传）《猿图》

孟迪反驳说：“画名不能作为它是猿的证据，之前我们考证过的很多画，画名都把动物的名称弄错了。”

是猿还是猴？

青冠雀被反驳住了，一时答不上话来。

“好了好了，你们先不要吵了。考证了这么多古画，你们也有一定经验了，要拿出充分的证据来。青冠雀，你说说猿和猴最大的区别是什么。”林伯伯调解道。

“我查了一下，《埤（pí）雅》上说：‘猿性静，夜啸常风月肃然；猴性动，每至，林木皆振响。’”青冠雀说。

“猿性静，猴性动，从画上也看不出来呀！”孟迪立刻反驳道，“我也查了一下，猿和猴最大的区别其实就是尾巴，猴有尾巴，猿没有尾巴。”

“从画上同样也看不出它有没有尾巴呀！”青冠雀调侃道。

“那我们还是从照片入手来辨别一下猿和猴的区别吧。这是中国常见的猕猴和白眉长臂猿的照片，”林伯伯说，“你们看看，两者间的明显区别有哪些？”

孟迪抢先说：“胳膊！猿的胳膊明显比猕猴的长。”

林伯伯说：“对，猿的胳膊长于腿，而猴的胳膊一般与腿的长度相当；猿的上臂活动范围明显大于猴，例如直立行走时，猿的上臂可以上举，而猴则不行（除蜘蛛猴以外）。所以我们看到的猿几乎都可以直立行走，而猴通常是四肢行走的。”

青冠雀也不甘示弱：“还有脸颊！猕猴的脸颊鼓鼓的，而猿不是。”

在考证中，我们会用到三部很重要的古籍：《尔雅》《埤雅》和《尔雅翼》。

《尔雅》是我国最早解释词义的专著，由汉代的学者编著而成，是考证上古词义和古代名物的重要资料。

《埤雅》是北宋学者陆佃增补《尔雅》有关草木鸟兽虫鱼等方面内容的著作。

《尔雅翼》是南宋学者罗愿撰写的，内容也是解释《尔雅》中草木鸟兽虫鱼等各种名物，以为《尔雅》辅翼，所以名为《尔雅翼》。

▲猕猴

灵长目猴科。在我国分布较广。集群生活，有严格的等级关系。猕猴每年产仔一次，每胎产一仔

▲白眉长臂猿

灵长目长臂猿科。前臂很长，直立时手指甚至可下触达地，所以得名。国内分布于云南、西藏。国家一级保护动物

画上的猴是看不到尾巴的，说明它即使有尾，尾也不太长；它躯体粗壮，前肢与后肢大约同样长，拇指能与其他四指相对；前额低，有突起的眉弓，脸颊具有颊囊。这些特征都符合猕猴属猴类的主要特征。

林伯伯说："没错，你看到的猕猴脸颊上的凸起叫'颊囊'，其实是猕猴口腔内的一个特殊的结构，可以用来暂时储存食物。猕猴发现食物以后，会把食物先塞在嘴里，再找个地方慢慢吃。猿的脸颊则没有颊囊。"林伯伯又补充说，"另外，猿的智商总体上比猴发达，猿的生理、形态和行为等其他方面也比猴更接近人。"

看孟迪和青冠雀正在跟着思索，林伯伯停了一会儿，然后笑眯眯地问道："根据刚才说的这几个主要特点，你们再判断一下，画中的到底是猴还是猿呢？"

孟迪得意地看着青冠雀，一副"我早说它是猴了吧"的表情。

青冠雀说："好吧，《猿图》里的这只动物脸颊有颊囊，胳膊和腿差不多长，确实是只猴。不过，它到底是哪种猴呢？"

它是哪种猴？

"这个问题问得好，那我们再进一步鉴定一下吧！"林伯伯指着画上的细节详细讲解了一下。

"对我国现分布的猕猴属的七种猕猴的分类特征和分布区域进行分析比较后，我认为有两种猴接近画中猴的特征，一种是普通猕猴，一种是短尾猴。短尾猴也被称为红面猴。"林伯伯说道，"你们来比较一下画中的猴和这两种猴吧。"

· 画中猴

普通猕猴面部和耳部的皮肤通常是肉色或淡红色，在发情期间，不管是公猴还是母猴，脸都格外红

· 画中猴　　· 短尾猴

短尾猴面部幼年时为肉红色，成年时为鲜红，老年则形成紫色或黑色斑块；成年猴颊部毛长似胡须

孟迪说：“这么一对比，我发现画中猴的脸形和普通猕猴更接近，普通猕猴的脸形都比较细长；面部红色区域的形状、大小也和普通猕猴差不多。”

青冠雀也说出了自己的分析结果：“红面猴的脸形比画中猴的宽大，面部的红色区域与画中猴的也不一样。”

林伯伯问：“所以你们认为画中的猴是哪种猴？”

“应该是普通猕猴！”青冠雀和孟迪一齐说，然后哈哈笑了起来，之前的争吵早已忘在了脑后。

千年前的双胞胎

看了毛松的《猿图》之后，孟迪把猕猴搞明白了。但他对长臂猿也很感兴趣，这几天一直在查关于长臂猿的资料。这天，他看见了一篇以前的报道，便急匆匆地来找林伯伯。

“林伯伯，我看到一篇2012年的报道，说广西南宁动物园的白颊长臂猿生了一对双胞胎，还说这种情况很罕见。”

“据介绍，长臂猿生育双胞胎的概率极低，有些从业多年的专业兽医也没听说过长臂猿生育双胞胎，就连园里已经退休了的老员工和老领导也没听说过。从目前掌握的情况看，这在全国属于首例。”孟迪将报道内容给林伯伯选读了一部分。

“灵长目动物的双胞胎确实比较罕见，我们人类生育双胞胎的概率比其他灵长目动物高一些，但据不完全统计，在我国人类自然怀孕的双胞胎概率也小于1%。”林伯伯说。

▲长臂猿一般一胎产一仔

“林伯伯，如果这对长臂猿双胞胎是动物园里的首例，那还有关于野生长臂猿生双胞胎的报道吗？”孟迪追问道。

“我手头现有的国内国外的资料中，都没有看到过这方面的报道。”林伯伯肯定地回答。

“那南宁动物园这对长臂猿双胞胎是不是历史上第一对双胞胎？”孟迪为这个猜想激动不已。

“中国这么长的历史时期，不应该没有长臂猿双胞胎的记载。”在一旁一直没发言的青冠雀给孟迪泼了冷水。

“青冠雀说得对，孟迪，我们可以再查查《尔雅》《埤雅》和《尔雅翼》这些古文献里有没有记载。”林伯伯说。

“我也去宋画里找找有没有线索。”青冠雀也积极地响应。

“好，那我们分头行动！”孟迪说干就干，和林伯伯一起到书房去查古籍去了。

几个小时后，青冠雀兴冲冲地飞到书房说：“我找到了中国历史上第一个以画猿猴闻名于世的画家——易元吉的画作，林伯伯，您看这幅画里能不能找到什么线索。”

“原来是《猿戏图》！这可是一幅关于猿的杰作呀！”林伯伯不由得啧啧称赞道。

谁是爸爸，谁是妈妈？

孟迪在一旁噘着嘴说道：“我和林伯伯把三本古籍都查了，虽然有长臂猿的记载，但没有它们生育双胞胎的记载。”

“好的，不要沮丧。我们一起来看看青冠雀找到的这幅画，好好分析一下，说不定会有惊喜！”林伯伯安慰孟迪。

▶［北宋］易元吉（传）《猿戏图》

“这是一个典型的小群体家族式树栖的长臂猿家庭，这样的家庭通常由3～5个成员组成，其中有一只成年雄猿和一只成年雌猿，其余的都是半成年或幼年的长臂猿。因为长臂猿实行一夫一妻制，这一点跟人类的家庭形式很相似。长臂猿繁殖非常缓慢，每两年生一个孩子，分娩日期一般在秋季或初冬，每胎只有一仔。幼崽两岁时可独立生活，但仍不离开群体，直到六岁左右，接近性成熟时才慢慢脱离群体，独立生活，寻找伴侣。”林伯伯说，“你们能判断出这幅画里哪只长臂猿是爸爸，哪只是妈妈吗？”

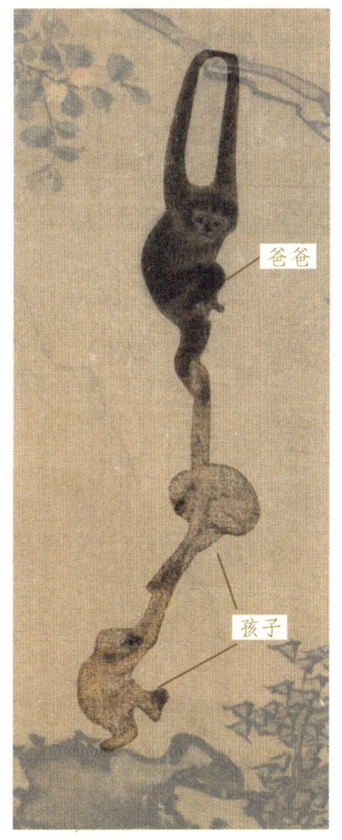

“看个头儿和力气，那只黑色的是爸爸吧？”孟迪猜测，不过他很快又说，“我想起来了，我看到有资料说雌性长臂猿和雄性长臂猿的颜色是不同的！但我有点想不起来具体是怎么个不同了。”孟迪不好意思地挠挠头。

林伯伯解释道：“成年雌性长臂猿的体毛是黄白色，成年雄性的是黑色，所以画面上这只黄白色的成年长臂猿是家庭中的妈妈，黑色的成年长臂猿则是爸爸，那两只黄白色的显然是长臂猿幼崽，是家庭中的孩子。”

长臂猿毛色变化的秘密

“林伯伯，那两只小长臂猿都是黄白色的，它们都是雌性吗？”孟迪问。

“不一定。长臂猿的毛色会因年龄、性别不同而有明显的差异。以北白颊长臂猿为例，它们的毛色会经历几次变化。”

出生不久后

快一周岁时

一岁半左右

成年后

出生不久后，无论雄雌，幼崽都和妈妈一样是黄白色 → 快一周岁时，幼崽毛色开始慢慢变化，黑色的毛慢慢长出，体毛黄白色中掺杂着黑色 → 一岁半左右，黄白色的毛全部变成黑色 → 成年后，雄性一直保持黑色，雌性则会由黑色再变回黄白色

孟迪还是有点糊涂："林伯伯，这毛色的变化听起来很复杂啊，有点记不住。"

"没关系，我们参照下图，来简单地总结一下：雄性长臂猿的毛色是由黄白色变为黑色；雌性长臂猿则是由黄白色变为黑色，再变回黄白色。这样是不是好

长臂猿毛色变化示意图

雄性幼年（一岁以内） → 雄性幼年（一岁半后） → 雄性成年

雌性幼年（一岁以内） → 雌性幼年（一岁半后） → 雌性成年

记了？”林伯伯笑呵呵地说。

“画中的这两只小长臂猿个头儿一般大，体毛都是黄白色的，说明它们的年龄在一周岁以内，毛色还没有变化呢。”青冠雀反应比较快。

“因为长臂猿每两年生一胎，如果这两只长臂猿不是同一年出生，那应该是年长的是黑色，年幼的是黄白色，并且个头儿大小也会有差异。还有一种情况，就是这两只长臂猿中有一只是姐姐，它到成年时会变回黄白色，这样也会出现除爸爸妈妈外，还有两个黄白色体毛的家庭成员的情况。但这时姐姐已接近成年，应比不到一岁、体毛还没变色的妹妹或弟弟个头儿要大得多，几乎和妈妈的体形差不多。”孟迪也开动脑筋，跟上了推论的步伐。

“那孟迪，青冠雀，你们俩的分析和推论说明了什么？”林伯伯笑着问。

“画中这两只小长臂猿应该是同一年出生的。”孟迪抢着说。

“这说明它们是双胞胎！”青冠雀也不甘落后。

“更重要的是，这个长臂猿家庭是生活在野外环境中的，可以说这幅画是千年前长臂猿在野外自然条件下生出双胞胎的真实记录！这在动物界也是一个具有轰动性的新闻啦！”林伯伯补充说。

“这应该才是我国长臂猿野外诞生双胞胎的首次记载！”孟迪高兴地跳了起来，“宋画里真是埋藏着太多宝藏了！”

长臂猿有着长长的、强壮有力的胳膊，能够利用双臂交替摆动身体，就像小朋友们荡秋千一样。据研究，长臂猿的腕关节能像万向轮一样旋转，从而与臂膀形成多种角度，因而它们可以轻轻松松地完成快速荡秋千前行的动作。

古代画家一不小心，讲了个现代的故事

一连好几天，孟迪都沉浸在发现千年前那对长臂猿双胞胎的兴奋里。这天，他又来到林伯伯的书房，问道："林伯伯，宋画里还有没有关于长臂猿的画呢？"

青冠雀抢先回答："画《猿戏图》的易元吉就是一位擅长画猿的画家，他留下了很多关于猿的传世画作。"

林伯伯笑着说："巧了，我正在看这幅《猿鹿图》，发现个有趣的问题，正想找你们一起探秘呢。"

▶［北宋］易元吉《猿鹿图》

再识长臂猿

孟迪说：“上次看《猿戏图》时林伯伯讲过，长臂猿家庭一般是由3 ~ 5个成员组成，长臂猿雌雄个体颜色也有区别。这幅画里的如果是长臂猿三口之家，那应当是一个黑色的长臂猿爸爸、一个黄色的长臂猿妈妈，再加一个黄色的小长臂猿。但画面里有两个黑色的长臂猿，双臂吊挂在树枝上的那个应该是长臂猿爸爸，而蹲坐在树杈上的那个黑色的长臂猿抱着一个黄色的小长臂猿，很像是一岁多、体毛变成黑色的哥哥或姐姐抱着年幼的弟弟或妹妹。那么妈妈去哪儿了？”

观察这幅《三猿捕鹭图》，你能用学到的知识说一说，这是一个怎样的长臂猿家庭吗？

“对，因为成年的雄性长臂猿是会被赶出家庭，独立生活的，据此可以推断出，画上抱着幼猿的这只黑色的长臂猿目前还没成年，它有可能是哥哥，也可能是姐姐。”林伯伯补充说，“所以说，从这个年龄结构来看，这应该是爸爸妈妈带着一个不到一岁的孩子和一个大一些但又未成年的孩子的四口之家，那么妈妈去哪儿了呢？”

“林伯伯，林伯伯，”青冠雀也不甘示弱地嚷道，“我发现这画里还有玄机，这枯树干上还有三只猴。”

惊现三只猴

“在哪里？”孟迪赶紧凑过来看。

林伯伯说：“来，我们用放大镜看一看。”

林伯伯用放大镜在画上一点一点地扫过，果真发现树干上有三只猴。这三只猴毛色发黄，几乎和树干的颜色一样，不细看还真容易忽略。

“这三只猴和毛松《猿图》所画的猴长得差不多，应该也是猕猴吧，林伯伯？”青冠雀问。

“对，这三只猴是猕猴。不过从动物的生态学角度来讲，长臂猿和猕猴会各自占有各自的生态位，不应该出现在这里。”

看孟迪和青冠雀一脸困惑，林伯伯接着解释：“长臂猿是树栖动物，猕猴虽然也上树觅食，但是以地栖为主。在自然界里很难看到长臂猿和猕猴在同一棵树上，如果出现这种情况，一定有什么特殊的原因。我之前跟几位专家探讨过，因环境、食物和其他条件，猿和猴暂时性地在一个分布区内，也就是在一棵树上出现是否可能，他们说这极为偶然，因为在目前生态学家的观察中还没有看到过这个现象。易元吉真是一位喜爱实地考察又高度写实的画家，这种极为偶然的情况都能被他观察到并画下来。

“我们还可以从吉祥文化的角度来考虑这个问题。画面中三只长臂猿和两只鹿，可以理解为连中三元（猿）或三元（猿）得禄（鹿），不过我也很困惑，易元吉为什么还要画三只猴在里面呢？这不像是故意加上的，他一定是真实观察到了这种情况才画上来的。”林伯伯讲解道。

“长臂猿妈妈是不是有可能在树顶上，被枝叶遮住了呢？”孟迪提出了一个大胆的假设。

“它在树顶上干什么呢？”青冠雀问道。

“呀！孟迪这个思路很新颖。这么想的话，有两种可能，一种是长臂猿妈妈在瞭望，看有没有天敌入侵，第二呢，它可能是去树顶上驱赶这些猕猴入侵者，把猕猴从树上赶到树下。”林伯伯说，“解决了长臂猿妈妈哪儿去了的疑问，我们再推测一下猕猴上树的原因吧。”

“长臂猿主要生活在热带和亚热带地区。综合作者生活地域及社会经历可知，每年的旱季是画中地区温度最高的时候。这时候由于降雨量少，草枯萎了很多，地面上的食物少了起来，而树木的根扎得很

“生态位”是生物学中的一个重要概念。从广义上来说，生态位是指一个物种在生态系统中，在时间、空间上所占据的位置及其与相关种群之间的功能关系与作用。具体来讲，它和生物生存所需的资源（如食物、栖息地、阳光、水分等），以及生物在群落中所扮演的角色和发挥的作用息息相关。每个物种都有其独特的生态位，这是由该物种的生理特征、行为习性和所处环境共同决定的。生态位的概念有助于我们理解生物之间的竞争、共生，研究生态位的差异还有助于评估生态系统的韧性和稳定性。

深，能获取到比较充足的水分，因此树上还有很多的叶、花、果供动物们食用。这种情况下，地栖为主的猕猴可能会上树找些叶、花、果来进食，就出现了画面中猕猴侵入长臂猿领地的景象。我们从画面上能看出来，大树是枝繁叶茂的，有花，有叶，也有果，而地面上呢，草木都枯萎了，没有什么可以采食的植物。这说明这时候应该是旱季，也就是动物们食物短缺的季节，于是在长臂猿进食的时候，其他动物站在树下就能等到长臂猿遗落的叶、花、果。画面中的鹿妈妈抬着头，我们仿佛能感受到它渴望的眼神，小鹿则是一种吃饱了卧在地上惬意反刍的状态。”林伯伯解释道。

“真是太不可思议了，一幅画竟能包含这么多内容！长臂猿妈妈虽然没在画面里，可它又确实在它的家庭周围；还有那三只闯入他人领地的猕猴、蹭吃的鹿儿母子……”孟迪感慨地说。

“易元吉这幅《猿鹿图》讲了一个非常生动的现

代动物生态学的故事，”林伯伯笑着说，“你们俩来将这个故事补充完整吧。”

以下就是孟迪和青冠雀复述的故事：

难熬的日子到来了，灼热的阳光毫不留情地照射在地面和动物身上，草因为没有水的滋润而枯萎，缺少食物的食草动物们也没有了精神。

和地面相比，树上的生活却好很多。看，这是一个长臂猿四口之家，在结束了清晨大合唱后，它们找到一棵枝繁叶茂的大树大快朵颐。它们只吃叶片、花朵、果实中最柔软的部分，将只吃了一点儿的果实扔到地面上。有经验的鹿儿们常常站在长臂猿的“餐桌”下面，等着从天而降的食物。就这样，长臂猿的采食方式使很多食草动物安全度过了这些困难的日子。

大树上的这种果实也是猕猴钟爱的食物。对于长臂猿来说，进食这种果实的其他动物就是竞争对手。成年长臂猿们正一边警惕着四周，一边进食，它们会严守自己家族所拥有的领地，决不允许入侵者靠近；当然，它们也时刻注意自己是否也在无意间闯入了同类的领地。忽然，长臂猿妈妈发现有三只猕猴偷偷爬到树顶采集食物，它马上通知女儿（儿子）保护好弟弟（妹妹），长臂猿爸爸则负责摘果，当然，掉落在地上的食物，它们也不吝啬地分享给鹿儿母子。然后长臂猿妈妈长啸着攀向树冠，用手臂摇动树枝，连声怒喝着。三只猕猴知道入侵他人领地，占据别人的生态位是错误的，所以它们知趣地顺着树干离开了。

一匹瘦骨嶙峋的马

“林伯伯，这里有一幅非常奇特的画，您来看看这匹马。”青冠雀说。

“哦，龚开的《骏骨图》啊，”林伯伯高兴地说道，“这是一幅非常有名的画。”

闻声赶来的孟迪看了看这幅画，非常不以为意。

▶［南宋］龚开《骏骨图》

这怎么能称为骏马呢？你看这马浑身上下全是骨头，连肉都看不见。

你别看这匹老马瘦得只剩骨架，但它年轻时绝对是一匹骏马。

龚开是一位生活在宋末元初，诗文书画都擅长的文人画家。他擅长以画马抒发情感，借马的矫健、快捷来表达个人的理想和抱负，及对南宋灭亡的悲愤心情。对这幅《骏骨图》，龚开自题诗曰：“一从云雾降天关，空尽先朝十二闲；今日有谁怜骏骨，夕阳沙岸影如山。”诗的前两句说这匹骏马从天而降，曾立辉煌战功，非凡气概令前朝御马黯然失色；后两句说它被闲置多年，虽瘦仍屹立如山，颇有英雄迟暮的悲壮色彩。

数肋骨能辨别马的优劣？

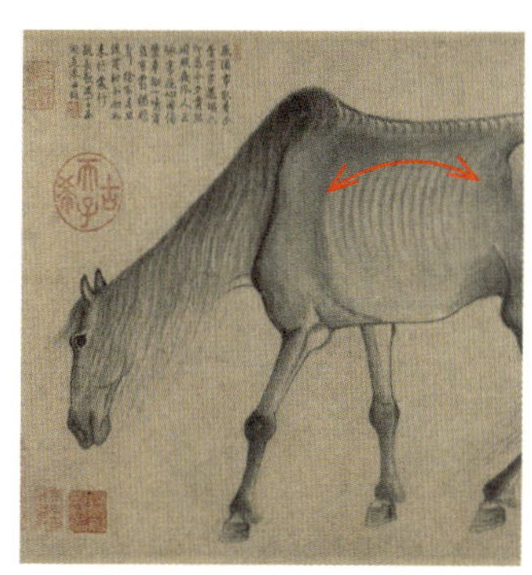

▲红线括处为肋骨（假肋）

“在回答你的问题之前，孟迪，你先数数画中马的肋骨有多少条。”林伯伯神秘地说。

“数肋骨干什么？”孟迪小声嘀咕着，“数肋骨能数出千里马吗？”

林伯伯笑着催促道：“快数吧！一会儿再告诉你为什么。”

“一，二，三，……这肋骨又细又密，真难数啊。”孟迪一边数一边抱怨道，“林伯伯，这匹马一共十五条肋骨。”

“十五条，其实就是十五对，这真是一匹千里马。”林伯伯高兴地说。

“为什么十五对肋骨的马就是千里马？”孟迪觉得这推论有点不太科学。

“马是古代非常重要的家畜之一，可以拉车、耕地、乘骑，在战争中也不可缺少。古代人在养马过程中积累了很多辨识马、使用马的经验，很早就总结出一套通过观察马的外部特征来鉴别马的优劣的特殊标准——相马术。马的头、眼、耳、口、鼻、胸、腹等部位都有一些标准来帮忙鉴定。”林伯伯喝了一口水，继续说道，“关于马的肋骨，古人认为数量多、细而密的是骏马。有经验说呀，从后边往前数这个马的胁肋，就是肋骨，有十对胁肋的马就是很好的马了，但这还是普通的马；有十一对胁肋的是能每天跑二百里的马，十二对胁肋的是每天能跑一千里的马，超过十三对胁肋的那就是天马了，一万匹里边才会有一匹这样优秀

春秋时期的伯乐可能是历史上第一个因善于相马而出名的人，相传他写了一本《相马经》。古人关于相马的经验在这个基础上不断发展。北魏时期，贾思勰写有一本农学科技方面的著作，叫《齐民要术》，里面也专门记载了很多相马的经验。如何从胁肋来辨别马的优劣，书中是这么说的：“从后数其胁肋，得十者良。凡马，十一者，二百里；十二者，千里；过十三者，天马，万乃有一耳。（一云：十三肋五百里，十五肋千里也）”

的马。也有一种说法是，有十三对胁肋的马每天能跑五百里，有十五对胁肋的每天能跑千里，也是千里马。”

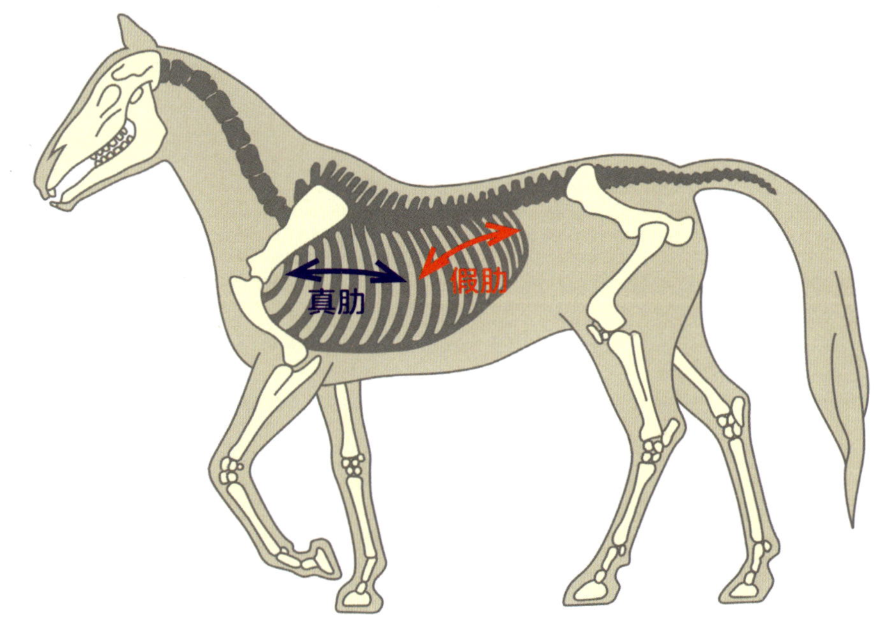

“不对呀！林伯伯，我之前去骑马，老师说普通的马都有十八对肋骨。”孟迪嚷道，“古人认为肋骨越多的马越是良马，十五对肋骨的就是千里马了，可这比现在普通马的肋骨数都少，怎么能称作千里马呢？”孟迪大惑不解地问。

“世界上绝大部分品种的马有十八对肋骨，这是对的，但这十八对肋骨其中有八对真肋，十对假肋。而古人所说的‘胁肋’指的是假肋。”林伯伯解释道。

“哦，原来是这样。”孟迪点点头，不过他马上又问道，“为什么古人相马看肋骨只看胁肋，也就是假肋呢？”

“这很容易理解啊。”林伯伯解释道，“因为相马是根据马的外观进行鉴定，马的被鉴定部分一定是可

马的肋骨中，与胸骨直接相接的肋骨（靠前的）叫真肋，以肋软骨连接于前一肋软骨之上者（靠后的）称为假肋。

以看得见的。真肋由于与胸骨连接，被马的胸部和前腿的肌肉所覆盖，从外表是很难观测到的；而假肋位于马的上腹部，肌肉层薄而离皮肤近，容易触摸和观察到。”

非瘦不可的千里马

本以为问题已告一段落，青冠雀正要说什么，不料孟迪紧接着问：“林伯伯，古人为什么用肋骨数量的多少来衡量马的优劣呢？”

“这个目前还没有定论，不过马的身体构造对其奔跑速度和耐力有重要影响。马的胸腔宽阔，躯体长而纤细，肌肉发达，尤其是后肢的肌肉力量强大，这种结构使得马在奔跑时能够迅速推动身体并产生更大的动力。我们推测，古人可能发现肋骨数量超出十对的马具有了上述优点，因此将马肋骨的多少作为了评价马的标准。”林伯伯继续解释道，“不过现代阿拉伯马是十七对肋骨，有的设特兰矮马也是十七对肋骨，据介绍，在现代的解剖过程中也偶尔发现有马是十九对肋骨的。”

“林伯伯，为什么画家要把马画成这种瘦骨嶙峋的样子？”青冠雀好不容易插个空儿，问道。

“可能因为千里马的肋骨比普通的马多，要在画面中体现千里马的十五对肋肋，非瘦不可吧。”林伯伯笑着回答。

一只奇怪的大猫

一个平常的周末，孟迪和往常一样，写完作业就来找林伯伯和青冠雀玩。轻车熟路地打开门后，只见林伯伯和青冠雀正盯着一幅古画翻来覆去地看。林伯伯恨不得脸都要贴到画面上，拿放大镜一会儿放大这里，一会儿放大那里，还一直感慨地说："太神奇了，太神奇了！这个'案子'可要好好探一探！"青冠雀却是罕见地没往上凑，乖乖地待在旁边。

奇怪的一家四口

一听到"大案子"，孟迪立刻来了劲儿："林伯伯，快跟我说说！"

"别急，这个谜团我还没有完全解开，你这会儿来正好，快和我们一起'破案'。"林伯伯说道。

"我最近在集中研究宋画里的猫。查资料时，我发现宋朝人是真的很爱猫，宋徽宗年间官修的画录《宣和画谱》中，仅画名中带猫的就有136种。

"这些画中的猫咪大多是一副安闲舒适的样貌，这也反映出猫主人的生活是富足且闲适的，比如李迪的这幅《狸奴小影图》。画中这只小猫真是可爱极了，小巧的耳朵，圆圆的脑袋，柔软的、长长的毛，还有一根短小的尾巴，稚嫩的眼睛目光炯炯。这是一只幼小的猫咪，但却显现出机敏的本能。它的体毛呈均匀的金黄色，胸前的毛像波纹一般，让我忍不住想要摸一摸。”说到这里，林伯伯停顿了一下，看了一眼青冠雀。

◀［南宋］李迪《狸奴小影图》

青冠雀心领神会，接着说道：“我和林伯伯看了很多张关于猫的画，当我们一张一张欣赏的时候，我突然觉得有双眼睛盯着我，我全身的绒毛都被惊得奓（zhà）了起来。等我定睛一看，发现了一幅奇怪的画。”

孟迪看向青冠雀说的那幅画，只见画中有一只坐着的猫，它仿佛正透过镜头看向他们。它明明稳坐在地上，样子气定神闲，却并不让人觉得可爱。孟迪用放大镜仔细看它的眼睛，发现它的眼神非常凌厉，脸上的表情和人类愤怒的样子十分接近。如果真遇到了这只猫，孟迪可不敢轻易靠近。

镜头拉远之后，整幅画是一群猫在玩耍的场景，主角当然是这只稳稳当当地坐着的大猫，它身边还有三只小猫正在嬉戏打闹，以扑耍为乐。旁边还有一些奇石和花。

▶［南宋］毛松（传）《麝香图》

虽然这只大猫有些奇怪，但也就是一群猫咪在庭院或者后花园中玩耍。这猫孟迪还似曾相识呢，像是只三花猫。

林伯伯看着孟迪困惑的眼神，开口道:“这几只小猫看起来应该还在哺乳期，从它们玩耍的动作和状态看，应该还不会独自捕食，这是猫妈妈带着孩子们出来玩耍。孩子们还年幼，所以猫妈妈才如此紧张，眼神凌厉。不过，即使从这一点考虑，猫妈妈的表情也过于奇怪。寻常家猫护崽，肯定也不会有如此表情。”

“刚才我上网查了查资料，原来有很多人对画中的猫提出了不同的看法，甚至有人认为它的长相过于奇怪，应该不是猫，可能是一只狐狸。到目前为止，古画专家们尚无定论，也不清楚这奇怪的大猫究竟是什么情况。”林伯伯终于道出了这个“案子”的重点。

“果然是‘大案子’！我要一起‘破案’！”孟迪说。

“是‘考证’！”林伯伯笑道。

说到这里，一直待在林伯伯身旁的青冠雀却突然展开翅膀，飞到了旁边的绿植上。“我拒绝参与这个考证！猫就已经够可怕的了，这只猫更可怕！”青冠雀缩起翅膀，背对着两人和那一堆吓“鸟”的画，梳理起了自己的羽毛。

渐入佳境，靠近真相

孟迪马上进入了小侦探的状态：“林伯伯，这幅画画的是猫，可居然叫《麝香图》？我记得您之前和我说过，麝香是一味中药材。”

“不错，麝香是取自雄麝腺囊的分泌物，可以做香料，也可以制药。”林伯伯说，“这倒是一个线索，难道画家想告诉我们，这猫和麝一样，也能分泌麝香？孟迪，咱们来查查《尔雅翼》。”

孟迪一溜烟儿地跑去把书拿了过来，找到了“麝”这个词条。只见书上写着：“麝，如小麋，脐有香……又灵猫似麝，生南海山谷，如狸……《异物志》云：‘灵狸，其气如麝。’”

林伯伯解释道：“这几句话的意思是说，麝这种动物外形像小麋鹿，肚脐和生殖腺之间有腺囊，能分泌麝香……在南方的山谷里有一种灵猫，它像麝一样能分泌香味物质，长得像狸……”

“像麝一样能泌香的灵猫？”孟迪说，“那我们就从这里入手吧！”

孟迪立马去书架上找来了兽类分类书，看得出来，小侦探已经沉迷在这一“奇案”之中了。

据兽类分类书统计，全世界灵猫科动物共计十四属三十五种，我国有八属九种，主要分布在黄河以南。具有腺囊、能分泌灵猫香的有三个物种，即大灵猫、小灵猫、大斑灵猫。

眼尖的孟迪说：“看这里！书里说大灵猫和小灵

猫的俗名就叫‘麝香猫’！”孟迪看了看三种灵猫的图片，“不过这三种灵猫和画中的猫长得完全不一样啊！”

林伯伯却不慌不忙地说：“别着急，我们先仔细了解一下这三种灵猫，也许就能找出答案。”

“三种灵猫中，只有大斑灵猫没有‘麝香猫’的别名，也就它长得最不像猫。它主要分布在广西和云南，这些地方对宋朝人来说是非常偏远的地区，画家们应该很难见到这种动物。所以，这只大猫应该不是大斑灵猫。

“大灵猫和小灵猫尾部都有黑环，这一点和画中的猫一致。还有，画中猫表情奇异，眼球外凸，除了护崽心切之外，应当还有生理结构上的原因，而灵猫科动物的眼球就是突出于眼眶的，这是它们的一个生理特点。但是大灵猫、小灵猫和画中猫的外形相差实在太大了，只有这两个共同点还没法证明画中猫和这两种灵猫之间的联系。”

▲画中猫

▲大灵猫

说到这儿，林伯伯也有些苦恼了，考证陷入了僵局。

▲大灵猫

俗名麝香猫、九节狸等。外形与小灵猫相似，但体形较大。独行侠，夜间活动。喜欢占用别的动物的洞，并喷射液体做标记，阻止其他动物靠近

▲小灵猫

俗名麝香猫、乌脚狸等。体形如家猫，但鼻吻较尖而长。喜爱夜出觅食，自己挖洞睡觉

在宋代，人们喜欢种植一些传统的观赏植物，如梅、兰、竹、菊等，这些植物在文化和艺术上具有重要意义，被视为高雅和高尚的象征。宋代的城市规划和建筑设计也注重对称、平衡和美感，《麝香图》里的植物的花和叶的形态、特点并不一定符合当时的审美标准。

终于，真相大白！

孟迪眼珠子滴溜溜一转，跑到了青冠雀跟前。

“好青冠雀，勇敢的青冠雀，我们需要你的帮助。现在线索断啦，你来帮帮我们吧，我用零花钱给你买你最爱吃的面包虫。”

“好吧，既然你都这样说了，我青冠雀义不容辞。”青冠雀飞到了画前，“既然画以外的古籍资料和照片比对都没有线索，那画中会不会有什么线索呢？”青冠雀提供了一个新的视角。

林伯伯和孟迪拿着放大镜，对着画仔细地看。

离猫不远处的植物上开的花，都是五个花瓣、五个花蕊，叶型为不规则的圆形。“这应该是茄科植物，原主要分布于热带和温带。不过，这类植物那时还不太可能被应用于家庭中的绿化。直到近代，它们也较少被应用于园林绿化中。”林伯伯说。

“所以，这很有可能不是庭院或者后花园中的景观，而是在野外！”孟迪激动地宣布了推理结果。

“是的，”林伯伯接着说道，“灵猫虽然喜欢捕食小型兽类、小鸟和昆虫，但是也吃一些植物。所以，画家才会在一幅有野生动物——灵猫的画中，画上这些植物。”

“那可不，宋代画家创作时是很考究的，不会随意组合。”青冠雀骄傲地说。

这时，孟迪有了新发现：这只大猫的前足和后足都有伸出的爪尖。平时总和自家猫咪玩耍，孟迪知道猫在蹲坐状态的时候是看不到爪尖的，李迪的《狸奴小影图》中，那只蹲坐的猫前后趾端也看不到爪尖。

林伯伯解释道：“这是因为家猫的爪子有伸缩性，它们行走和坐立时爪子会收缩到皮鞘内，以减少磨损。只有在捕猎或攀爬等时候，猫的爪子才会伸出皮鞘。不过，灵猫科动物和猫科动物不同，它们的爪子是半伸缩性的，不能像家猫那样完全收起来，会有一半露出趾端。所以当灵猫行走和坐立时，从趾端能看到爪尖。”

原来爪子的一收一缩也有如此大的学问。孟迪仔细观察大猫的前足，想再发现点什么。只见大猫的趾端有的能看到爪尖，有的又看不到爪尖。

林伯伯提出了一种可能：有的趾端的爪尖像猫一样收缩到了皮鞘里，所以看不见了——这真是一个非常大胆的猜测。

为了验证这个猜测，林伯伯让孟迪再仔细对照一下那本兽类分类书。

小灵猫：半伸缩性的爪上无皮鞘（也就是说，所有趾端都能看到爪尖）

大灵猫：前足的第三和第四趾具有保护爪的皮鞘

大斑灵猫：前足的第三和第四趾上完全没有皮鞘

哇！大灵猫前足第三趾和第四趾具有保护爪子的皮鞘，行走和坐立时这两趾趾端的爪尖就会缩回皮鞘里。所以画中的大猫在坐立时，有的趾端才看不到爪尖！

根据以上分类特征判定，这只奇怪的大猫应该是——大灵猫！

孟迪还有疑问："不过，既然这位画家连爪子是否缩回皮鞘这种细微之处都能观察到，为什么却把灵猫画成了猫的样子？真让人费解。"

林伯伯回答："我觉得画家应该没有见过大灵猫，但可能听野外见过并非常了解大灵猫的猎户或者其他人详细描述过，然后加以自己的想象绘成此画。但是画家主观上对于猫的形象有固有认知，所以才会导致所画动物整体样子看着像是猫，细节却是大灵猫。走访猎人和动物目击者以了解动物的方法，现在在动物调查中仍然被使用。”

林伯伯还补充说：“他还给后人留下了奇怪的画名，让人去探索和想象。原来是我们用审视猫的角度去分析这只不是猫的‘猫’，才令它变得奇怪和诡异。它只是处于自己天然的状态中呀。”

纺车旁的蛙戏

这天，孟迪得到了一个新玩具，兴冲冲地拿来给林伯伯看。

“林伯伯，您看，拧上发条，这只青蛙就能跳跃前进，真是太好玩了！”

“哈哈，原来是发条青蛙啊！这可是你爸爸妈妈小时候很流行的玩具。”林伯伯笑着说，“真巧，我正在看的这幅画就与蛙有关系。”

只见画面中有一辆纺车，一位村妇一手抱着还在吃奶的婴儿，一手摇着纺车轮。她的对面是一位双手拉着线团的老奶奶，一只小黑狗正看向画面右侧玩耍的儿童。

▲ [北宋]王居正《纺车图》

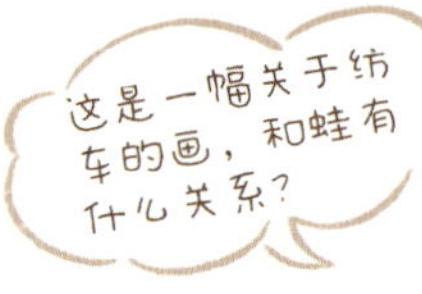

古老的蛤蟆文化

孟迪再仔细一看："原来木棍上拴的是一只蛤蟆！"他像发现了新大陆一样，兴奋地说，"那只小黑狗好像还在冲着这只蛤蟆叫呢！"

"很多人说画中这只是蟾蜍，因为蟾蜍在古代有多子多财的吉祥寓意。但在我看来，这应该是青蛙。因为蟾蜍俗称'癞蛤蟆'，是有毒的，它的耳后腺、皮肤腺和内脏等部位会分泌一种乳白色的毒液，所以不适合儿童玩耍，而青蛙则无毒。因此，画中儿童逗弄的应该是青蛙。"林伯伯分析道，"不过值得注意的是，青蛙和蟾蜍通常统称为蛤蟆，因有时人们也把癞蛤蟆简称为蛤蟆，所以会存在名称上的一些误用。"

"宋朝的小孩很喜欢玩青蛙吗？"孟迪好奇地问。

"南宋阎次平的《四季牧牛图》(秋季)、苏焯的《端阳戏婴图》里也有儿童和青蛙玩耍的画面，所以这应该很常见。"青冠雀补充说。

▲中华蟾蜍

我国常见的蟾蜍为中华蟾蜍，分布很广

▲黑斑侧褶蛙

根据北宋的疆域和人们主要活动和生产的区域来看，常见的蛙是黑斑侧褶蛙

▲ [南宋]阎次平《四季牧牛图》(秋季)

[南宋]苏焯《端阳戏婴图》

“古代的儿童没有手机和电脑，能玩的无非也就是自然里的事物。”林伯伯说，“而且青蛙和蟾蜍在中国都有特殊的文化内涵。”

见孟迪和青冠雀都似懂非懂的样子，林伯伯进一步解释说：“我们的祖先对青蛙是有崇拜的，因为青蛙的繁殖力旺盛，而人们也希望人丁兴旺；青蛙的生命力强，水陆两栖，而人们也希望有这样的本领；青蛙捕食害虫，是庄稼的保护神。”

“发条青蛙可能也是这种文化在儿童玩具中的一个传承吧！”听完林伯伯的话，青冠雀若有所思地说。

▲月球上的图案

“蟾蜍就更有意思了，别看它长相丑陋，又身有毒素，可它被人们看作能带来财富的祥瑞动物。人们还觉得月亮表面的阴影像一只蟾蜍，于是演变出了月亮里面住着一只蟾蜍的传说，古代诗文里也经常用蟾蜍来指代月亮，比如月亮又叫‘蟾宫’。”林伯伯继续说道。

孟迪和青冠雀都听得入了迷：“青蛙和蟾蜍身上原来有这么多有趣的故事啊！”

招财金蟾是中国流传较广和较久远的传说，版本有很多，其中一个版本是这样的：相传金蟾为害人间，吕洞宾的弟子刘海在云游四海的途中遇见了金蟾，发现金蟾作恶多端，利用自己能够吸进财宝的法力骗取了百姓不少钱财，便设计降服金蟾。在打斗过程中，刘海砍断了金蟾的一只脚，把金蟾驯服了。后来金蟾与刘海一起散发钱财给穷人，招财金蟾由此扬名。

还有一个传说，月宫不仅有蟾蜍，还有玉兔和桂树，因此，月宫也叫蟾宫。古时候人们将科举考试及第誉为“蟾宫折桂”（攀折月宫桂树）——很多父母都在孩子身上寄托了“蟾宫折桂”的期望。人们还将蟾蜍制成各种陶瓷玩具供孩子们玩耍，也取其吉祥寓意。

▲古代文物上的蟾蜍

有趣的“蛙戏”

“那你们知道蛤蟆还能表演吗？”林伯伯故意卖了个关子。

“啊，蛤蟆能表演什么呢？跳高吗？”孟迪觉得自己的想法太搞笑了，忍不住哈哈笑了起来。

“蛤蟆能表演的可超乎你的想象，蛤蟆表演在古代被称为‘蛙戏’。”林伯伯说，“不过蛙戏在宋代没什么记载，在后来的元代、明代和清代记载得比较多。元代的陶宗仪就写过一本书，里面记载了他在杭州的街市上看到的一种名为‘蛤蟆说法’的戏法：

“表演戏法的艺人在地上铺上席子，席子上放了一个小坐墩。他从袋中放出九只蛤蟆，只见一只大蛤蟆便跳到墩子上蹲着，其余八只小蛤蟆在它面前各就各位，排成左右两列。艺人击鼓为号，大蛤蟆张嘴‘呱’了一声，众小蛤蟆跟着也‘呱’了一声。接着大蛤蟆叫几声，小蛤蟆就跟着叫几声。最后，小蛤蟆逐次蹦到大蛤蟆跟前，点头，鸣叫，好像行礼一般。”

孟迪捂着嘴笑道：“这一叫一答，一唱一和太有趣了，好像老师和学生在上课啊！”

林伯伯说：“孟迪，你还真说对了，在清代文人的记载中，这个戏法就叫作‘蛤蟆教书’。”

青冠雀不满孟迪的打断，忙问道：“林伯伯，蛤

陶宗仪，字九成，号南村，是元末明初的文学家、史学家。他著的《南村辍耕录》主要记载了元代的典章制度、逸闻轶事、文化科技、风俗民情等丰富的历史资料。

陶宗仪《南村辍耕录》中有文：余在杭州日，尝见一弄百禽者……蓄虾蟆九枚，先置一小墩于席中，其最大者乃踞坐之，余八小者左右对列。大者作一声，众亦作一声；大者作数声，众亦作数声。既而小者一一至大者前，点首作声，如作礼状而退，谓之虾蟆说法。

蟆还会别的什么戏法？”

林伯伯说道：“还有啊，你们听过‘聊斋’的故事吧？在《聊斋志异》里，记载了这么一个事。一个叫王子巽的人说，他在京城时曾经看见一个人在街上表演杂耍。杂耍艺人随身带着一个木盒，木盒分成十二个格，每格趴着一只青蛙。他用细棍敲青蛙的脑门儿，青蛙就‘呱呱’地叫个不停。如果有人给钱，就可以乱敲青蛙的脑门儿，像敲云锣一般，词曲和音乐的声调都能听得一清二楚。这个故事可以说明，民间艺人在蛙戏方面积累了越来越丰富的经验。”

孟迪听了十分神往：“可惜这些表演在现在都看不到了，幸好文学家们描写得这么生动，让我们好像亲眼见到了一样。”

蒲松龄《聊斋志异·蛙曲》原文：“王子巽言：‘在都时，曾见一人作剧于市。携木盒作格，凡十有二孔，每孔伏蛙。以细杖敲其首，辄哇然作鸣。或与金钱，则乱击蛙顶，如拊云锣，宫商词曲，了了可辨。’”

云锣：是一种乐器，用音高不同的若干面（原多为十面，也有十三面、十四面，甚至三十八面的）小锣组成，小锣用绳悬挂在一个木架上，用小槌敲击就可以演奏了。

没落的皇家猎犬

阳光明媚的一天，林伯伯的书房里安安静静的。林伯伯如往常一样，认真地查阅资料，研究古画。孟迪却和往常有些不同，今天竟然安安静静地伏在桌子前写写画画。青冠雀好奇地飞过去一看，孟迪正在画孙悟空和二郎神。原来，学校老师布置了一项作业，让同学们画一画《西游记》里自己最喜欢的情节。孟迪最喜欢的是孙悟空和二郎神大打出手的场面，这会儿正在对照着图片努力奋斗呢。

画着画着，孟迪不知被什么难住了，自言自语："怎么有的是白的，有的是黑的呢？"

青冠雀问："孟迪，怎么了？有什么奇怪的地方吗？"

"你看，孙悟空和二郎神我都画完了，可是哮天犬长什么样子，不同的资料里说的都不一样：这个资料里说哮天犬是白色的，动画片《大闹天宫》里哮天犬却是黑色的。我不知道该照着哪个画。"

林伯伯正好过来接水，听到这里便凑了过来："哎呀，我也正好在看和这个话题相关的古画，要不要一起来研究看看？"

"那太好了，有林伯伯在，肯定能真相大白！"孟迪开心地跟了过去。

"哎呀，哎呀，等等我！"青冠雀也扇动翅膀，赶紧跟上。

是白还是黑？

书房的投影幕布上有一幅长长的画，林伯伯一边点击画面，放大局部，一边说道：

“这是《搜山图》，讲的是二郎神搜山降魔的故事。你们看，正在追捕妖怪的白犬就是哮天犬，不过，它这个时候还不叫哮天犬。

▲［南宋］佚名《搜山图》局部

“一直以来，二郎神的故事在民间广泛流传，但‘哮天犬’这个名字直到明代的《封神演义》里才首次出现。书里对哮天犬的描述是：‘仙犬修成号细腰，形如白象势如枭。’你们看，‘形如白象’，可见《封神演义》里的哮天犬也是白色的。”

“那为什么动画片《大闹天宫》把哮天犬改成黑色的了？”孟迪问林伯伯。

“我也不太清楚原因，不过仔细想一想，二郎神和哮天犬在《大闹天宫》里是反派角色，艺术家创作的时候将哮天犬画成黑色，可能是想用黑色来寓意黑暗和恶势力。”林伯伯分析道。

“有这个可能。不过，”孟迪犹豫了一会儿，坚定地说道，“哮天犬本身是一条忠于主人又很厉害的好犬，我还是想把它画成白色。”

“真不愧是小侦探，很严谨。”青冠雀夸了一句。

孟迪又比较了一下，说道：“《搜山图》和动画片《大闹天宫》里的哮天犬颜色虽然不一样，但体形都比较像，脸长，腰很细。林伯伯，我是不是照着样子画就可以了？”

还没等林伯伯回答，孟迪又想到了什么：“林伯伯，那哮天犬是像龙和凤凰那样，只是古代的人们想象出来的动物吗？”

“这真是一个好问题！”林伯伯赞赏道，“哮天犬和龙还有凤凰一样，形象是人们想象出来的，但生活中都有原型。我们现在就来考证一下哮天犬的原型是什么吧。”

哮天犬的原型

“在考证之前，咱们先来说说《西游记》。”林伯伯故意卖了个关子，让孟迪找到书架上的《西游记》，翻到了第六回。

“这第六回里说的是啊，孙悟空大闹天宫后，玉帝大怒，派出二郎神来捉拿孙悟空。两人经过一番斗法，不分胜负。后来太上老君从天上掷下金钢琢，打得悟空立足不稳。你们看，”林伯伯指着《西游记》里的一行字说，“这里写着，孙悟空‘被二郎爷爷的细犬赶上，照腿肚子上一口，又扯了一跌’，这才被擒。这里明明白白告诉我们，二郎神的哮天犬是细犬。”

“林伯伯，光有《西游记》的记载还不行，咱们得有更多证据吧？”孟迪提出了质疑。

“当然了，”林伯伯笑呵呵地说，“我这里找到了一些细犬的资料，你们来看看。”

“细犬是中国古老的狩猎犬种，据相关研究，可能早在西汉时期，细犬便经由丝绸之路由阿拉伯国家传到中国。细犬个性勇猛，奔跑速度快，而且十分忠诚，一直以来都是人们狩猎和护卫家园的好帮手。

“你们看这幅和《搜山图》同创作于南宋的《猎犬图》，这是宫廷画师李迪的作品。据此我们可以推断，《猎犬图》画的应该是一只皇家猎犬。

“这幅《猎犬图》没有描绘任何背景，只有一只猎犬正在前行，它的眼睛炯炯有神，头和尾低伏，仿佛正在寻找什么猎物的踪迹。它的脖子上只戴着项圈，没有绳索，说明它久经训练，充满灵性，可以不用绳索控制就能领会主人的命令。”青冠雀发挥了自己的专业特长，向大家介绍道。

“这只猎犬画得非常逼真，形象特征、身体结构和比例也描绘得十分准确，堪比现代的动物分类绘图。”林伯伯说，“我们现在来比较一下《搜山图》《猎犬图》中的猎犬和细犬的图片。”

▲中国细犬

嗅觉灵敏，衔取和猎捕欲望高，耐力好，速度快，从头到脚没有赘肉，常态看起来有点“骨瘦如柴”。对于中国细犬的外貌，民间一直流传着“头如梭、耳如扇、腰如弓、尾似箭、四个蹄子一盘蒜”的说法，细犬这种细长流畅的外形，是为了方便奔跑

据《宋史》记载，太祖建隆二年（961年）十一月十九日，宋太祖“始校猎于近郊，……其日，先出禁军为围场，五坊以鸷禽、细犬从”。围场，古时指围起来专供皇帝贵族打猎的场地。上述文字讲的是皇家成员在郊区狩猎，五坊工作人员则带着饲养的鸷禽、细犬随从，那时“细犬”就是皇帝的狩猎用犬。

“五坊”，是当时用来饲养和管理皇家狩猎用猛禽及猎犬的重要官方机构。五坊的设立最早源起于唐代早期，下设雕坊、鹘坊、鹞坊、鹰坊、狗坊，以配合皇家的各种狩猎需要。

其实上至唐代，下至明代和清代，细犬都是皇家钟爱的御用猎犬。

唐高祖、唐太宗常常带着细犬在陕西蒲城一带进行秋猎，后来这项活动逐渐传到民间。一直到一千多年后的今日，“细犬撵兔”依然是陕西老百姓农闲庆丰收的重要民俗。

▲［南宋］李迪《猎犬图》

“中国细犬经过多年繁衍，分化为山东细犬和陕西细犬，后又分化成山东细犬、陕西细犬、河北细犬、蒙古细犬四种类型。其中山东细犬分为长毛与短毛，长毛叫‘幡子’，短毛则叫‘滑条’。从特征来看，这两幅宋画中的应该都是‘幡子’。”林伯伯讲解道。

“这一对比就看出来了，这三只猎犬简直就是亲兄弟！身材、体形、四肢、耳朵上的长毛，还有尾巴上的长毛都一模一样。”青冠雀扇着翅膀，高兴地说。

“看来《搜山图》《猎犬图》中猎犬的原型就是现在的山东长毛细犬。这也证明了这种细犬至少也有近千年的历史，并且外貌特征近千年保持不变，说明血统保持得也很纯正。林伯伯，我说得对吗？”孟迪也很兴奋。

“是的。我还有个问题想留给你们思考一下。”林伯伯说。

“您问吧！”孟迪和青冠雀异口同声地说。

“有一个古老品种的猎犬，来自现在的伊朗，也就是古代的波斯，叫萨路基猎犬，又被称为阿拉伯猎犬或东非猎犬。它的体形大小、外貌特征和以上我们讨论的山东长毛细犬非常相像，这说明了什么问题？”林伯伯问。

“这说明我们的细犬可能与萨路基猎犬有血缘关系，同时也可以佐证，我们的细犬可能来自一千多年以前的阿拉伯地区。”孟迪和青冠雀讨论完后一致回答道。

“但是曾经这么优秀的皇家猎犬，流落到民间后数量非常稀少，了解的人也不多了。”林伯伯叹了口气。

“对啊，我就从来没有见过细犬。是不是因为现在打猎的机会少了？”孟迪猜测道。

“是的。还有一个重要原因是国外猎犬品种的引进和培育，比如知名的灵缇犬，外形和细犬非常相似，这也导致很多人渐渐淡忘了本土的细犬。”林伯伯补充说。

“这太可惜了！”孟迪激动地说，“等画完了这幅画，我要跟同学们好好讲一讲哮天犬，让他们也了解中国细犬！”

▲山东细犬

眼睛大而明亮，两耳间距小、下垂。鼻红色或黑色。耳、前后肢、尾部有饰毛，耳毛由耳根部长起至耳尖，耳尖无长毛。胸深腰细，背呈弓形，颜色多样，现有黑色、虎皮色、白色。

长毛品系的山东细犬，捕猎欲望高，有较强的爆发力及持久的耐力，同时具备很好的柔韧性，是当今中国细犬中的猎兔能手。对主人忠诚，对陌生人十分警惕，不轻易让人靠近，可作为护卫犬

▲萨路基猎犬

该犬历史悠久，可追溯到5000年前。古埃及陵墓的墙壁上画着与它们极为相像的猎犬。据说，它的名字来源于阿拉伯已被沙漠淹没的萨路基市。

萨路基猎犬聪明伶俐，性格忠诚，稳重乖顺，具有贵族风范，属珍贵品种。但其由于出身于狩猎犬，捕猎欲极强，所以要严加管训。另外，家庭饲养必须为其提供足够的活动空间，每天一定要保证足够的运动量

猜猜谁来参加聚会？

不知不觉，一个寒假很快就过去了，林伯伯、孟迪和青冠雀这个“古画侦探小分队”也破了不少有趣的“案子”。这个周日，青冠雀和林伯伯商量，准备给孟迪举办一个特别的“聚会”。

周日一大早，孟迪就来到了林伯伯家，他好奇地问：“林伯伯，青冠雀，今天是一个什么样的聚会啊？”

青冠雀先来介绍：“孟迪，你跟着林伯伯认识了不少鸟类朋友，今天我们要举办的就是一个鸟类聚会，这些鸟儿都来自宋画。不过你也知道，宋朝的鸟类虽然都有名字，但是叫法比较混乱，也比较笼统，甚至有几种不同的鸟儿叫一个名字的情况。所以这次鸟儿们会一拨儿一拨儿来，等说出它们在现代的准确名字，聚会就可以开始啦。”

孟迪兴致勃勃地说：“听起来很有意思啊！不过，林伯伯，我遇到问题的时候可以向您求助吗？”

林伯伯笑呵呵地说：“当然可以。”

正说着，只听一阵扑扇翅膀的声音传来。

第一拨儿客人

只见两只大鸟降落，一摇一摆地走了过来。

▲宋画里穿越来的两只“雁”

“你们好，欢迎你们！”孟迪说。

“你们好，人们管我们叫雁。《尔雅翼》上说：‘鸿雁乃一物尔……大曰鸿，小曰雁。’”两只大鸟自我介绍道，“我们想知道我们在现代的名字。”

“你俩的个头儿比较大，应该是‘鸿’。考证《雪芦双雁图》时，林伯伯说过‘鸿’就是鸿雁，但你们和鸿雁长得又不太一样。”孟迪摸摸头，“你们应该是某种大雁，但具体是哪一种呢？”

“你们能不能展开翅膀转个身，让我们看一看？”林伯伯帮孟迪解围。

这两只大鸟开始转动身体，让林伯伯和孟迪仔细地看了一遍。

▲豆雁

体长80~90厘米的大型雁，雌雄相似。迁徙时经过中国东北、华北、华中大部，在新疆、黄河以南及海南等地越冬

“你们的脖子比较粗壮，比身体短；嘴比头短，呈黑褐色，有黄色斑点；前额没有白色羽毛；体羽接近纯色。你们的身体特征同雁形目鸭科豆雁的分类特征是一致的。”林伯伯边观察边说道。

孟迪翻开鸟类图鉴，把豆雁的照片展示给它们看。

“它们和我们长得一模一样，原来我们现在的名字叫豆雁！”两只来自宋画的豆雁高兴地议论着。

第二拨儿客人

这时，又传来扑棱翅膀的声音，只见两只比豆雁还大的鸟儿飞了进来。这两只白色的大鸟挺着长长的脖子，走起路来雍容且高贵。

“我们在宋代被称为‘鹄’。宋代的人们有时把‘鸿’和‘鹄’分开，来称呼不同的鸟儿，有时又把鸿和鹄合在一起叫，还有的时候呀，把我们称作雁。请告诉我们，我们在现代叫什么名字呢？”两只白色的大鸟问道。

“你们全身纯白，脖子比身体长，嘴基有疣状突，应该是疣鼻天鹅！”孟迪兴奋地说，“考证《雪芦双雁

▲宋画里穿越来的两只天鹅

图》时，我见过你们的资料！”

“对，不过还有一点需要注意，”林伯伯补充说，“你们的嘴是黑色的，嘴基疣状突为黄色，而疣鼻天鹅的嘴大都是赤红色，嘴基疣状突是黑色的。现在我们国家分布的三种天鹅——大天鹅、小天鹅、疣鼻天鹅中可能没有你们的直接后代，但你们的特征确实和早些年《辞源》上对鹄的描述相符。所以你们可能是宋代存在过的天鹅种类，对此我们需要进一步研究。今天就请先愉快地聚会吧！”

商务印书馆1949年版《辞源》上对“鹄”的描述：“鹄：鸟名，似雁而大。全体色白。故或称为白鸟。颈长。嘴根有瘤，色黄赤。故又谓之黄鹄。飞翔甚高。鸣声洪亮。俗名天鹅。”

▲疣鼻天鹅（雄）

第三拨儿客人

“我的鱼怎么没了？”有一只疣鼻天鹅来时嘴上衔着条鱼，没想到正说着话，鱼不见了，它便着急地喊了起来。

话音刚落，只见一条鱼从上面落下来，掉到了疣鼻天鹅的嘴边，接着一个蓝色的身影飞了下来。

“你说话时鱼掉到了水池，我给你捉上来了！”一个声音说。

“天狗，你来啦！”青冠雀开心地打着招呼。

“天狗？”孟迪嘀咕着，“这看着不是翠鸟吗？”

“林伯伯，孟迪，我是鴗（lì），人们又叫我天狗，也叫鱼狗。我也想向两位请教，我在现代叫什么名字？”这只小鸟鞠了一躬。

“《尔雅翼·释鸟》中说：‘鴗，天狗。……小鸟也，青似翠，食鱼，江东呼为水狗。’鴗不仅仅指你这一种鸟，还包括与你们相近的一类鸟。”林伯伯解释道。

“我这位朋友的特点是尾比嘴短，脚有四趾。”青冠雀说。

“上体自额到后颈为蓝黑色，后背蓝色，飞羽和尾羽类似黑褐色。颈侧耳后有白斑，颏、喉纯白，胸以下为栗棕色。”林伯伯接着青冠雀的话说道，“这些特征非常符合我们现代的普通翠鸟的特征。”

“我没猜错，真的是翠鸟。”孟迪乐呵呵地拍手。

▲宋画里飞来的“天狗”

▲普通翠鸟

第四拨儿客人

这时又传来“唧——唧——”的叫声，只见四只小鸟飞了进来。

“林伯伯，这四只鸟和《红蓼水禽图》中咱们鉴别过的黄鹡鸰很像，它们是黄鹡鸰吧？”孟迪问。

“我们还没有自我介绍，你就已经知道我们叫‘脊令’了？”小鸟们惊讶地看向孟迪。

▲黄鹡鸰

▲宋画里飞来的黄鹡鸰

“《尔雅翼》中说：‘脊令，水鸟。大如鷃雀，长脚长尾尖喙。背上青灰色，腹下白，颈下黑如连钱……’”再加上你们刚刚的叫声，你们是脊令无疑了。”林伯伯笑着说。

“《尔雅翼》中还说你们：‘飞则鸣，行则摇。’一飞就‘唧’叫一声，走路时身子摇来摇去，这些都是你们独特的‘标志’。”孟迪拿出《尔雅翼》，也跟着补充道。

“那我们在现代叫什么名字呢？”脊令们问。

“脸、颏、喉为白色，尾羽黑褐色，头顶黑褐色，翼上覆羽黑褐色，羽缘白，形成两条明显的翼斑。”林伯伯边观察边描述，“这是黄鹡鸰的外貌特征。你们是雀形目、鹡鸰科、鹡鸰属的黄鹡鸰。”

第五拨儿客人

林伯伯话音刚落，不远处传来了青冠雀的歌声。孟迪看向青冠雀，发现青冠雀也惊奇地听着“自己”的歌声。

“是哪位客人到了？”青冠雀高声问道。

“风晴日暖摇双竹，竹间相语两鸲鹆。”不远处又传来一位男性朗诵诗句的声音。

原来是它们两个到了！青冠雀飞过去把门打开，两只发型漂亮的黑色鸟先后飞了进来。

“我认识你们！前阵子才考证过呢。你们成年后有突出的冠羽，全身黑色，双翅有对称的白色翼斑，你们是八哥！”孟迪嚷道。

“‘剪舌双鸲鹆，朝来学语新’，欢迎两位鸲鹆，也就是八哥的到来！”林伯伯笑呵呵地说，“《尔雅翼》中说你们‘身首皆黑，唯两翼皆有白点，飞则见，如字书之八云’。”

▲宋画里飞来的八哥

▲八哥

第六拨儿客人

八哥还没来得及向林伯伯道谢，门口又响起了一阵急促的敲门声，一秒钟足足响几十下。谁会有这么快的敲门频率？

青冠雀打开门，一只鸟快速地飞了进来，径直降落在了屋里的巴西木上。它害羞地把头藏在树叶的阴影中。

“这位朋友，请你介绍一下你自己吧。”孟迪说。

“我有些害羞，不如你们猜猜我是谁吧！”这只鸟说。

“好吧！我们就来给你做一个鉴别。”林伯伯说，“你头戴小红帽，上背黑色，下背白色杂黑斑；下腹部略带淡红色。你尾部的羽毛很硬，当你竖直落在树干上时，尾巴能起到支撑作用。同时，为抓紧树干，我们看到你的足是两趾向前、两趾向后的并趾足，这种落在树干上的方式只有少数鸟类才会采用。虽然你用树叶遮住了你的嘴，但我判断它应该是直长而尖，呈楔状的。从这些分类特征看，你应该是白背啄木鸟。”

“你们在宋代时叫什么名字呢？”孟迪想从《尔雅翼》中找到关于啄木鸟的描述，却不知从何下手，“哦！在这里。《尔雅翼》中‘斫（zhuó）木’条目为：鴷（liè），斫木，口如锥，长数寸，常斫枯木，取其蠹，故以名云。”

“原来我在《尔雅翼》中叫鴷，也叫斫木；现代

▲宋画里飞来的啄木鸟

▲ 白背啄木鸟（雄）

的名字是白背啄木鸟。谢谢大家！”白背啄木鸟对大家说。

最后的客人

“青冠雀，客人们到齐了吗？”孟迪问。

“还有最后两位客人，它们马上就到。”青冠雀回答。

伴随着“咕咕——咕咕——”的叫声，只见两只打扮奇怪的鸟走了进来，一只用头巾把自己的头捂得严严实实，另一只用毯子把身体包得严严实实，仅把头部露出来。

“不用说，这一定是鸟界明星，怕人认出自己才这样打扮的。”孟迪揶揄道。

“不是，不是，是经过瀑布时，我的身体湿了，它的头湿了，这不是着急赶来，又怕感冒，才把自己裹起来的嘛！”两只晚到的鸟忙解释道。

▲戴胜

▲宋画里飞来的戴胜

▲戴胜冠羽打开时的样子

“没关系，你们两位一位能看到身体，一位能看到头部，就相当于看到一个整体的你们。”青冠雀说，“这一定难不倒林伯伯和孟迪。”

“林伯伯，这两只鸟的头部特征太明显了，一看就是戴胜。”孟迪直接给出了结论。

“对，就是戴胜。”林伯伯确定道，“《尔雅翼》戴鵀（rén）条目：戴鵀，似山鹊而尾短，青色，毛冠俱有文采，如戴花胜，故呼戴鵀。又称戴胜。看来在宋代，你们也叫戴胜！”

“是的！”摘下头巾和毛毯后，两只戴胜异口同声回答道。

▲飞行时的戴胜

欢乐的聚会

青冠雀同林伯伯说：“林伯伯，我请的客人到齐了。”还不忘夸赞孟迪，“孟迪把绝大部分鸟儿的名字都说对了！真了不起！”

总是和青冠雀争执的孟迪听到了青冠雀真诚的夸赞，反而有点儿不好意思了。

“好！我们的聚会现在开始吧！”林伯伯宣布道。

鸟儿们与林伯伯、孟迪、青冠雀一起吃着早已准备好的美食，热热闹闹地度过了一个上午。

转眼，鸟儿们该回去了。

“谢谢你们的款待，为了表示感谢，我们把宋代一位画家为我们画的合影送给你们，作为纪念。”送出礼物后，鸟儿们便恋恋不舍地告别了。

客人们走后，林伯伯和孟迪打开画一看，原来是宋代赵昌的《秋渚水禽图》。果然，所有今天来访的鸟儿都在画里面。

［北宋］赵昌（传）《秋渚水禽图》（明代仿本）

豆雁

天鹅

普通翠鸟

黄鹡鸰

八哥

白背啄木鸟

戴胜

冠羽打开的戴胜

给孩子讲讲宋代花鸟画

曾孜荣

美术史上有一个说法，在早期的中国绘画中，花鸟画只是人物画、山水画的陪衬与配角。魏晋南北朝时期，花鸟画开始萌芽，直到中晚唐时期逐渐成熟，正式成为一个独立的画科。花卉、禽鸟、昆虫（如蝴蝶）等，不再只是绘画的背景或点缀，而是成了画面的主角。

到了五代和宋初，花鸟画已经十分成熟，形成了不同流派。这一时期最著名的花鸟画家就是黄筌、黄居寀两父子与徐熙。在中国绘画史上，黄筌和徐熙并称为“黄徐”，但他们两个人的绘画风格截然不同，分属于两个流派，后人概括为：黄家富贵，徐熙野逸。

黄筌的代表作是《写生珍禽图》。黄居寀是黄筌的儿子，画技不逊其父，也非常擅长画花竹禽鸟。他的代表作是《山鹧棘雀图》。

黄家父子对鸟雀的刻画非常细致，形象逼真。画中线条细腻，勾勒准确，用笔工稳。鸟的羽毛浓厚，颜色华丽，爪喙等细节纤毫毕现。黄家父子是宫廷画家，为皇家服务，因此他们的画作富丽堂皇，特别适合用来装饰宫殿厅堂等，所以后来人们就把黄家父子的这种风格

［五代］黄筌《写生珍禽图》

［北宋］黄居寀《山鹧棘雀图》

称为“黄家富贵”。

与黄家父子相对应的徐熙，出身于江南名门望族，但一生没有做官。据说，徐熙经常漫步在田野、丛林、江渚之中，观赏野竹、汀花、水鸟等。他的花鸟画朴素自然，色彩也不醒目，一派野逸之气。

画史上说，以徐熙画作为代表的这一派花鸟画，因为主要取材于乡野之间，画法上喜欢用变化多端的水墨勾勒出花鸟的形态或轮廓，再加一点颜色略微晕染，风格比较飘逸，所以才有“徐熙野逸”一说。可惜徐熙的真迹，学者们一般认为已经失传。现今落款署名徐熙的画作，包括《桃花黄鹂图》等，可能都是托名之作。

［北宋］徐熙（传）《桃花黄鹂图》

黄家父子的作品是中国花鸟画发展成熟的标志，对后世的花鸟画影响极大，两人也是五代与宋代工笔花鸟画的重要画家。徐熙画作的风格则更受文人喜欢，逐渐在文人圈里流行，深刻影响了注重笔墨意境的写意花鸟画。

北宋立国之后，黄家父子的“黄家富贵”画风独霸北宋宫廷。这一阶段的宫廷画家们纷纷效仿黄氏一门，花鸟画坛一时千人一面。但艺术流派发展的有趣之处就在于，当一种艺术风格流行到极致的时候，尝试打破僵化局面的艺术家便会应运而生。随后在北宋画坛崭露头角的赵昌和易元吉，就不愿意一味效仿，而想在画作中展露自己的个性。

据载，赵昌常常在清晨朝露未干的时候，围绕花圃仔细观察花木的形态，一边看一边描绘，这几乎就是“写生”了。赵昌擅画花果草虫，所绘画作色彩淡雅，表现了花草在自然中的勃勃生机，突破了“黄家富贵”一派色彩厚重、装饰感强的旧有程式。不过，他的画作在当时争议颇多，苏轼、沈括很喜欢他的作品，欧阳修、米芾则有不同评价。存世《写生杏花图》《写生蛱蝶图》传为其所作。

[北宋] 赵昌《写生蛱蝶图》

易元吉起初也专注于工笔花鸟、蜂蝶、草虫等，但后来他见到赵昌的作品，认为自己怎么也无法超越了，于是他独辟蹊径，改画别人较少涉足的猿猴和獐鹿等。他常常进入深山老林，细心观摩猿猴、獐鹿的生活状态以及山林树木的风貌特色，因此易元吉笔下的动植物皆富有灵性。北宋书法家、画家米芾赞他为“徐熙后一人而已”。易元吉的代表作品有《猿鹿图》等。

[北宋] 易元吉《猿鹿图》

虽然赵昌和易元吉注重写生，在艺术表达上多有尝试，但他们对北宋宫廷画院来说，引起的撼动并不明显。此时一位大师级的画家横空出世，从根本上改变了北宋宫廷画院因循守旧百年之久的局面，他就是崔白。崔白更加注重写生，他画的鹅、蝉、雀被称为三绝，传世作品有《寒雀图》《双喜图》等。

为什么说崔白是花鸟画真正的变革者呢？对比崔白与黄家父子的作品可以

▼ [北宋]崔白《寒雀图》

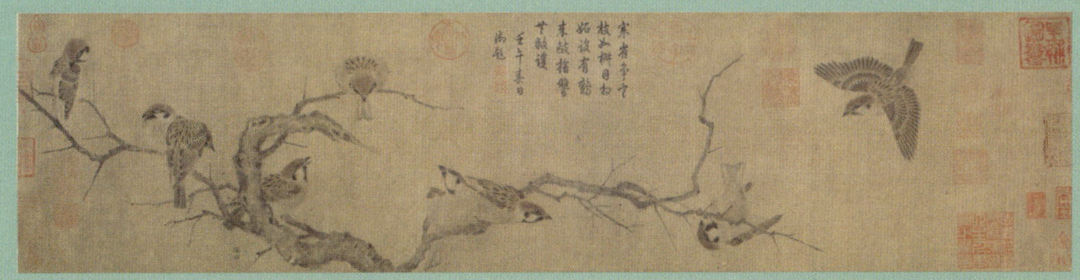

▶ [北宋]崔白《双喜图》

看出，在画面整体上，黄家父子的花鸟是静态的，而崔白则营造出了画面的动感——草木在风中摇曳，兔子和灰喜鹊顾盼生姿。

崔白的画，题材多是人们身边的平常之物，他擅长画残荷、芦雁、花竹，画风深受“徐熙野逸”的影响，不受陈规旧矩的拘束，充满了自由。客观公正地说，崔白的花鸟画变革，并不是对黄家父子的全盘否定，而是针对后来宫廷画家一味模仿“黄家富贵”的程式化所做的“写生”的回归。崔白在继承和发展黄家严谨画风的基础上，融合了“徐熙野逸”的松弛，别创出一种清淡疏秀的格调。

崔白所开创的深入写生、注重写实的淡雅新风，到了北宋晚期宋徽宗的时代，更是登峰造极。

宋徽宗自己就擅长花鸟画，代表作有《瑞鹤图》《芙蓉锦鸡图》等。他提倡一丝不苟的研究精神，对绘画的对象进行了科学、严谨的观察，所画的鸟兽昆虫，笔触细腻工整到了极致。所谓“格物致知”，体现于他不懈追求绘画的写实与逼真。

▲ [北宋]赵佶《瑞鹤图》

不仅如此，在笃信道教的宋徽宗看来，花鸟石虫都是天地之间的精粹，而

［北宋］赵佶《芙蓉锦鸡图》

描绘祥禽瑞草的工笔画，不但是艺术的创作，更是祈求赵氏王朝福祉的一种道教形式。他把自然界那些奇花、珍禽、异石描绘下来，认为它们预兆着宋朝的好运，值得永世珍藏。如宣德门上空的丹顶鹤、芙蓉枝头的锦鸡、玲珑剔透的奇石……宋徽宗不仅个人的艺术成就登峰造极，还亲自主持翰林图画院（宣和画院），将画学纳入考试以选拔画学人才，宋代著名画家张择端（绘有《清明上河图》）、李唐、苏汉臣、王希孟（绘有《千里江山图》）等都出自这个画院；他还搜求古今字画近万件，命人编纂《宣和书谱》与《宣和画谱》，为中国美术史留下了宝贵的资料。

进入南宋后，出现了一位著名的画僧法常，号牧溪。他的画风也深受徐熙的影响，更接近画史中关于“野逸”的描述。

法常的画取材自人们司空见惯的事物，比如《水墨写生图》所绘的花木、蔬果、禽鸟与鱼虾，笔墨淡泊粗犷，看上去平平常常，但当我们仔细去品味画纸上的墨色，那些随机晕染、神奇变化的笔触，又分明深蕴着禅机。

［南宋］法常《水墨写生图》（局部）

我们对比北宋的工笔花鸟画和以法常为代表的南宋写意花鸟画，明显可以看出两大发展与变化：一是后者从对奇花异鸟等珍稀事物的描绘，转向画平常之物；二是南宋既存在细致写实的工笔技法传统，也发展了注重笔墨意趣的写意画风。

值得一提的还有宋代的文人画。艺术史认为文人画的出现，可溯至唐代的王维。北宋文豪苏轼就称赞王维“诗中有画，画中有诗”。苏轼自己也是文人画的推动者，和王维一样强调绘画和诗词之间的意境关联。可惜王维和苏轼的画作真迹是否还存在，学者们还有很大的争议。

幸好到了宋末元初，著名书画家和诗人赵孟頫（fǔ）流传下来了大量画作真迹，他继承了王维、苏轼“诗情画意”的理念，更进一步提出了自己的绘画主张——“书画本来同”。这句话出自赵孟頫画作《秀石疏林图》上的一首自题诗：“石如飞白木如籀（zhòu），写竹还于八法通。若也有人能会此，须知书画本来同。”

▶［南宋］赵孟頫《秀石疏林图》

在这首诗中，赵孟頫将书法的线条语言一一对应到了绘画的造型中，向人们示范了如何“以书入画”。“石如飞白木如籀”——是说画平坡、秀石，赵孟頫用草书的速度感和沧桑感，以及草书中飞白（一种特殊的书法，笔画中露出一丝丝的白地，像用枯笔写成的样子，也叫飞白书）笔法去表现石头的硬度。籀就是篆书，篆书笔画厚实，他用篆书笔法画树木的质感。“写竹还于八法通”——“八法”是指书法里的“永字八法”，如点、横、竖、钩、仰横、长撇、短撇、捺。我们看画中的竹叶，不正如“永字八法”向四面散出吗？

与赵孟頫大致同一时期的大画家龚开，也是一位诗文书画都擅长的文人画家，他尤其喜欢画马。在此之前，擅长画马的画家如唐朝的韩干、北宋的李公麟，都着意表现马的丰满健壮，龚开却反其道而行之，爱画骨感的瘦马（如《骏骨图》），被称为“写意画马第一人”。其实，龚开画骨感的瘦马意义并不在于具体的绘画技法，而在于龚开以这种具有强烈象征意味的画作形象，表达

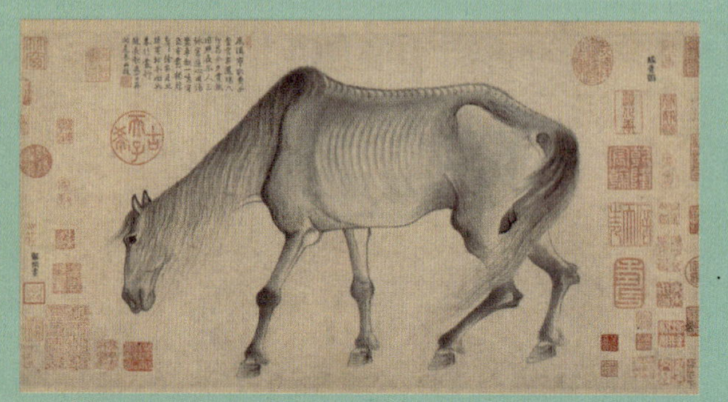

▶［南宋］龚开《骏骨图》

自己怀才不遇的感叹，正如他为《骏骨图》题的诗“今日有谁怜骏骨，夕阳沙岸影如山”，将有才难用之意给抒发出来了。赵孟頫和龚开的绘画，可以说倡导并实践了诗、书、画三结合的风气。在他们之后，越来越多的画家，都学会了用绘画艺术来譬喻自己内心的主观想法，绘画艺术具有了更加丰富的内涵！

亲爱的小读者，看完上面的介绍，你知道宋代花鸟画有哪两个流派了吗？崔白的画风与黄家父子的画风不同之处又是什么呢？还有工笔画是什么意思？写意画又是什么意思？最后，你还知道什么是文人画，文人画的特点又是什么吗？

亲爱的小读者，如果这些问题你都能答出来，恭喜你！今后和爸爸妈妈一起去博物馆参观时，你就可以给他们讲解古画了。

曾孜荣，东方出版中心北京分社、国博出版中心总编辑。曾任中信美术馆馆长、今日美术馆副理事长及《东方艺术》杂志主编。

多年来致力于中国艺术的策展、出版和教育工作，并在今日头条、豆瓣时间、学而思、博雅云课堂等平台开设艺术专栏，风格简练有趣，引人入胜。

参考书目

[1] 中国野生动物保护协会 . 中国鸟类图鉴 [M]. 钱燕文 . 郑州：河南科学技术出版社，1995 年

[2] 赵欣如 . 中国鸟类图鉴 [M]. 北京：商务印书馆，2018 年

[3] 郑作新 . 中国鸟类系统检索（第三版）[M] . 北京：科学出版社，2002 年

[4] 中国野生动物保护协会 . 中国哺乳动物图鉴 [M]. 盛和林 . 郑州：河南科学技术出版社，2005 年

[5] 中国野生动物保护协会 . 中国两栖爬行动物图鉴 [M]. 费梁 . 郑州：河南科学技术出版社，1999 年

[6]Andrew T.Smith，解焱 . 中国兽类野外手册 [M].Federico Gemma. 长沙：湖南教育出版社，2009 年

[7] 尚玉昌 . 行为生态学（第二版）[M]. 北京：北京大学出版社，2018 年

[8] 尚玉昌 . 动物行为学 [M]. 北京：北京大学出版社，2014 年

[9] 管锡华译注 . 尔雅 [M]. 北京：中华书局，2014 年

[10] 罗愿 . 尔雅翼 [M]. 石云孙点校 . 合肥：黄山书社，2013 年

[11] 李涛译注 .《埤雅》译注 [M]. 北京：人民出版社，2020 年

[12] 钦定四库全书：宣和书画谱 [M]. 北京：中国书店，2014 年

[13] 邓之诚注 . 东京梦华录注 [M]. 北京：中华书局，2005 年

[14] 高罗佩 . 长臂猿考 [M]. 施晔译 . 上海：中西书局，2015 年

[15] 韦明铧 . 动物表演史 [M]. 济南：山东画报出版社，2005 年

[16] 程民生 . 北宋开封气象编年史 [M]. 北京：人民出版社，2012 年

[17] 孙荪意 . 衔蝉小录：清代少女撸猫手记 [M]. 陆蓓容，陈阳 . 北京：中信出版集团，2018 年